fish
U0389466

fish

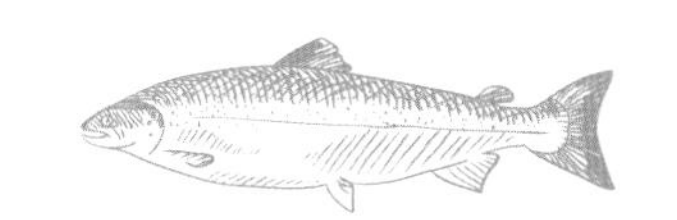

跟着节气吃海鲜

林勃攸 著

吉林科学技术出版社

LYON
Paul

自序
抢救外食族，
在家享受五星级的鱼料理

我们经常会面临一连串“食品安全问题”的冲击，许多朋友纷纷讨教如何避开有安全隐患的食品。其实，吃出健康的秘诀便是亲自下厨。本书是以“海鲜”为主题的食谱，分享更多料理秘诀，期望在缩短料理时间的同时，又能做出美味的料理。我鼓励更多的人亲自下厨，来为自己与所爱的家人在健康饮食方面把好关。

某些海鲜食材对料理新手来说，不仅处理食材本身有难度（包括如何去除鱼鳃、鱼鳞、鱼卵、内脏，以及如何清洗等），而且烹调也容易想得过于复杂，例如像煎鱼这样听起来丝毫没有难度的烹饪方法，对料理新手而言可能都是个难题，但其实只要懂得诀窍，一样能够轻松上菜。

食材越新鲜，烹调越简单

海鲜食材挑选的诀窍就是一定要“鲜”，新鲜的食材，甚至可以汆烫、清蒸后调味直接上桌，或只是简单地烤几分钟，便能够外酥内软超美味。或许你会想：“真有这么简单吗？”是的，就是这么简单。

在本书中，我希望运用西式料理的烹饪方法，尽量低油少盐，让大家吃到食材的原味。海鲜食材只要鲜，味道就甜美，并且海鲜又富含多种人体所需的营养，不仅美味，而且健康。本书设计了65道家常的海鲜料理，希望能让你重拾下厨的乐趣，希望能将我多年来的料理秘诀通过这本书与你分享。

料理海鲜，其实并非像人们想象的那样繁杂，只要能善用好厨具便能让下厨程序缩减，料理时间自然也能缩短，例如去除鱼鳞其实只要一把好的鱼鳞刮，烹饪时只要一只好锅及一台辅助料理的蒸烤箱等，便能让你在下厨过程中省很多事。

跟着节气吃当季，新鲜又养生

我们应当跟着四季节气来享用大自然为我们准备的食材，不仅能吃到最肥美、最新鲜的海鲜，还能够随着季节来调养身体、补足营养。大自然为我们准备的节气食材才是最丰盛的天然营养素，本书中介绍了65道海鲜菜品，期望能满足您与家人的味蕾，除了享受美味，更能沉浸在分享的幸福中。

林勃攸

节气、海鲜对照表

类别	海鲜	立春	雨水	惊蛰	春分	清明	谷雨	立夏	小满	芒种	夏至	小暑	大暑
		春季						夏季					
	大眼鲷 26			●	●	●	●	●	●	●	●	●	●
	午仔鱼 32	●	●										
	加纳鱼 38	●	●										
	四破鱼 44	●	●										
	马鲛鱼 50							●	●	●	●		
	白带鱼 56					●	●	●	●	●	●	●	●
	石狗公 62	●	●										
	石斑鱼 68			●	●	●	●	●	●	●	●	●	●
	刺鲳 74	●	●	●	●	●	●						
鱼类	吴郭鱼 80			●	●	●	●	●	●	●	●		
	真鲷 86							●	●	●	●	●	●
	虱目鱼 92									●	●	●	●
	金线鱼 98					●	●	●	●	●	●	●	●
	多春鱼 104					●	●	●	●	●	●	●	●
	剥皮鱼 116	●	●	●	●	●	●	●	●				
	海鲡鱼 122			●	●	●	●	●	●				
	马头鱼 128	●	●	●	●	●	●	●	●	●	●	●	●
	黄花鱼 134	●	●	●	●								
	旗鱼 140			●	●	●	●					●	●
	金枪鱼 152					●	●	●	●	●	●		
	米鱼 164	●	●	●	●	●	●						
	鲭鱼 170					●	●	●	●	●	●	●	●
	鲳鱼 176	●	●	●	●	●	●						
	鳕鱼 182											●	●
虾类	鲈鱼 188	●	●	●	●	●	●						
	斑节虾 196	●	●	●	●	●	●						
蟹类	樱花虾 200	●	●	●	●	●	●	●	●				
锁管类	小章鱼 212			●	●	●	●	●	●				
	鱿鱼 216									●	●	●	●
贝类	蚬 222					●	●	●	●	●	●	●	●
	文蛤 230	●	●	●	●	●	●	●	●	●	●	●	●

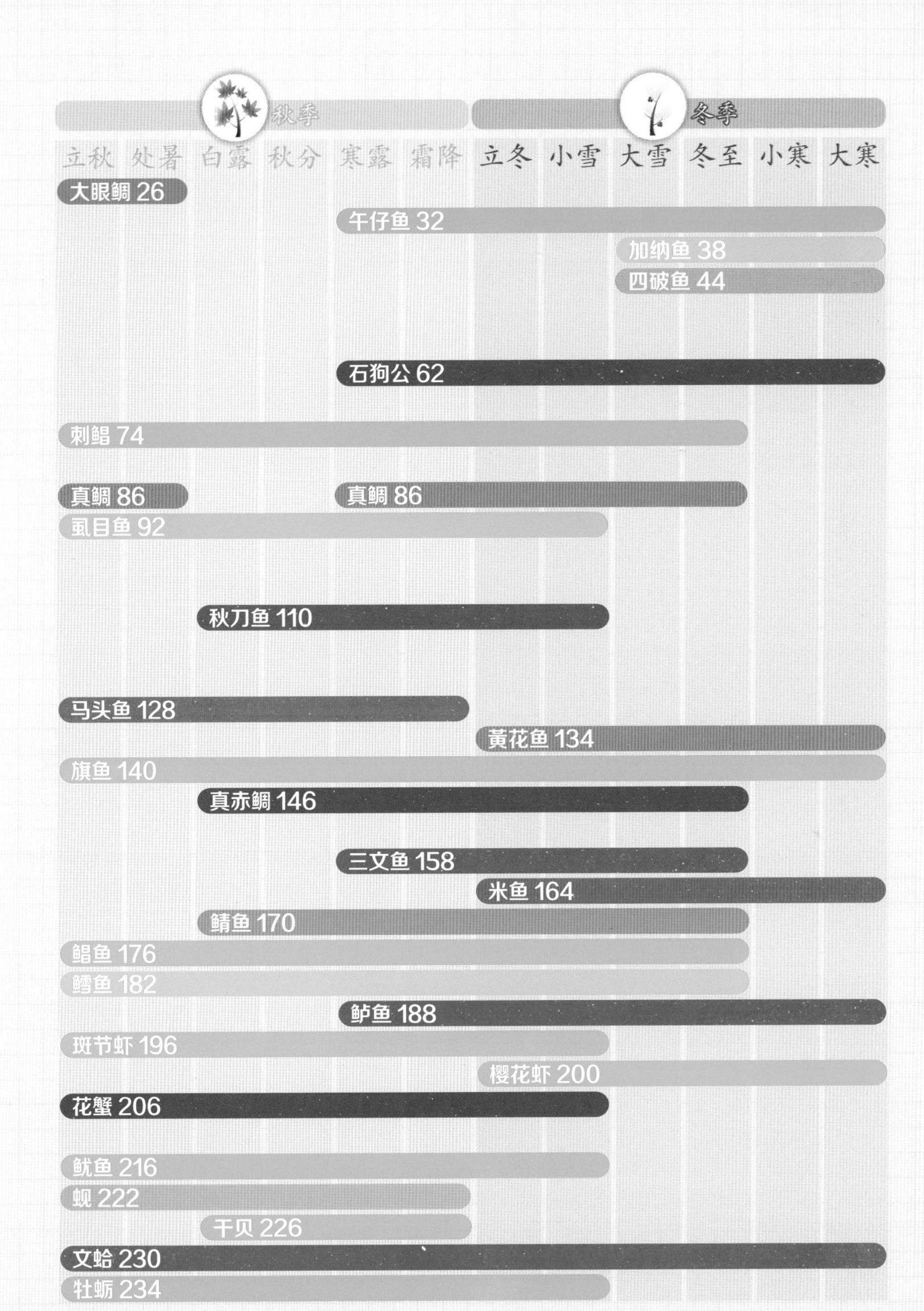
秋季
冬季
立秋 处暑 白露 秋分 寒露 霜降 立冬 小雪 大雪 冬至 小寒 大寒
大眼鲷 26
午仔鱼 32
加纳鱼 38
四破鱼 44
石狗公 62
刺鲳 74
真鲷 86
真鲷 86
虱目鱼 92
秋刀鱼 110
马头鱼 128
黄花鱼 134
旗鱼 140
真赤鲷 146
三文鱼 158
米鱼 164
鲭鱼 170
鲳鱼 176
鳕鱼 182
鲈鱼 188
斑节虾 196
樱花虾 200
花蟹 206
鱿鱼 216
蚬 222
干贝 226
文蛤 230
牡蛎 234

目录

鱼类

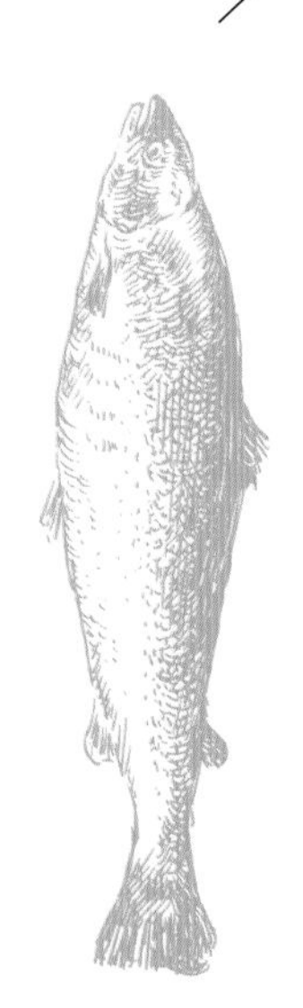

本书使用方法

料理所需食材一目了然

加纳鱼

鱼香酱加纳

材料 Ingredients

加纳鱼片	160 克
猪肉馅	50 克
地瓜粉	50 克
炸油	500 毫升
大蒜	5 克
姜	5 克
食用油	10 毫升

酱油	30 毫升
糖	15 克
乌醋	30 毫升
辣椒酱	35 克
水	90 毫升
米酒	15 毫升

烹饪程序详述，照着步骤做绝不会出错

烹饪程序 Procedure

1. 将大蒜和姜切碎。
2. 将加纳鱼片用米酒和切好的姜、蒜腌渍约 20 分钟，再蘸地瓜粉备用。
3. 锅内放入炸油，放入加纳鱼片以中火炸至鱼呈金黄色，捞出备用。
4. 另一只锅放入食用油，以中火炒猪肉馅，再加入酱油、糖、辣椒酱、水和乌醋拌炒均匀，制成酱汁。
5. 把炸好的鱼加入酱汁里烩至入味即可盛盘。

料理过程中最需注意的事项，注意细节就能烹调出美味料理

TIPS

不油腻的鱼料理

鱼香酱加纳先经过油炸，再加油烹煮，两道烹饪程序都使用油，为了使口感不过于油腻，建议在步骤 3 完成后，将鱼放在厨房用纸上以吸附出多余油脂。

38

深

44

料理过程示范，看图料理更轻松

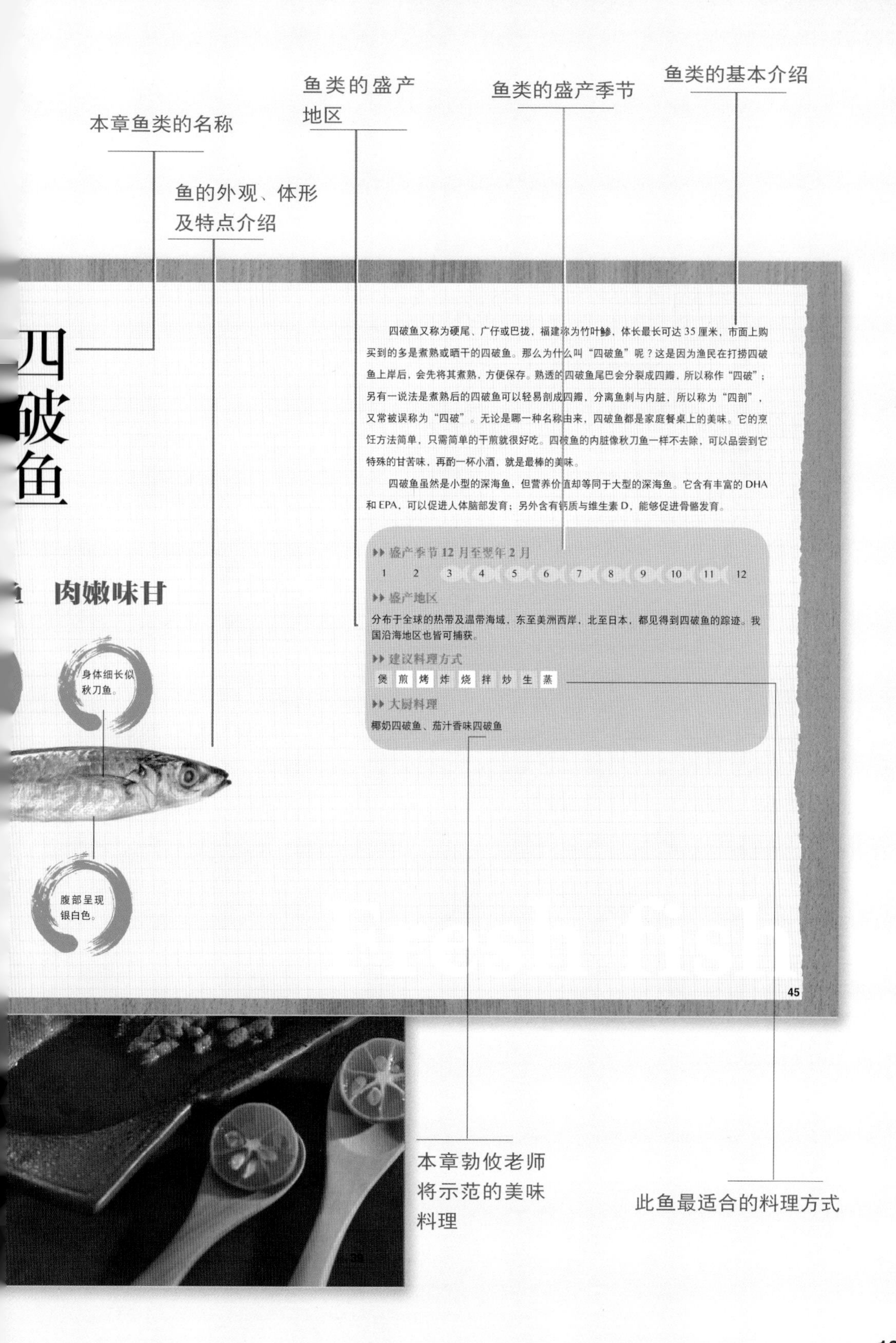

本章鱼类的名称
鱼类的盛产地区
鱼类的盛产季节
鱼类的基本介绍
鱼的外观、体形及特点介绍
四破鱼
肉嫩味甘
身体细长似秋刀鱼。
腹部呈现银白色。
四破鱼又称为硬尾、广仔或巴拢，福建称为竹叶鲹，体长最长可达35厘米，市面上购买到的多是煮熟或晒干的四破鱼。那么为什么叫“四破鱼”呢？这是因为渔民在打捞四破鱼上岸后，会先将其煮熟，方便保存。熟透的四破鱼尾巴会分裂成四瓣，所以称作“四破”；另有一说法是煮熟后的四破鱼可以轻易剖成四瓣，分离鱼刺与内脏，所以称为“四剖”，又常被误称为“四破”。无论是哪一种名称由来，四破鱼都是家庭餐桌上的美味。它的烹饪方法简单，只需简单的干煎就很好吃。四破鱼的内脏像秋刀鱼一样不去除，可以品尝到它特殊的甘苦味，再酌一杯小酒，就是最棒的美味。
四破鱼虽然是小型的深海鱼，但营养价值却等同于大型的深海鱼。它含有丰富的DHA和EPA，可以促进人体脑部发育；另外含有钙质与维生素D，能够促进骨骼发育。
盛产季节 12月至翌年2月
1 2 3 4 5 6 7 8 9 10 11 12
盛产地区
分布于全球的热带及温带海域，东至美洲西岸，北至日本，都见得到四破鱼的踪迹。我国沿海地区也皆可捕获。
建议料理方式
煲 煎 烤 炸 烧 拌 炒 生 蒸
大厨料理
椰奶四破鱼、茄汁香味四破鱼
45
本章勃攸老师将示范的美味料理
此鱼最适合的料理方式

使用工具

西餐刀

可砍剁肉类食材，也能处理蔬果类食材，功能较多元，是一般家庭必备的常用刀具。

杀鱼刀

片鱼专用厨刀，一般在做刺身时使用。

鱼鳞刮刀

能轻松刮除鱼鳞并在刮除时不会使鱼鳞乱飞，是处理鱼类食材的必备料理工具之一。

刨刀

各式刨刀都有其功能，能处理一般厨刀无法处理的料理细节，透过形状与间距的差异，可刨成丝状、片状或卷状等。

削刀

用来削除如柠檬、柳橙的厚皮，便于此类蔬果食材刨丝佐餐使用。

料理剪刀

轻松处理海鲜食材，让烹调事半功倍。可选不锈钢材质，不易生锈。主要用于处理如鱼鳍、鱼尾及鱼肚、鳃等，有的料理剪刀在握柄处更附有锯齿，食用蟹脚时可将其置于锯齿处借以将硬壳弄碎，使食用蟹肉更便利；也可用于剪薄肉片、鸡骨、鱼骨、生菜、海苔等或做开瓶使用，建议将其列入必备采购清单。

刨乳酪刀

处理乳酪食材专用，下方凸起的小圆孔为刨制乳酪专用，刨出的乳酪为细丝状，将其铺于食材上做焗烤处理使用。

除鳞菜瓜布

利用其粗糙面来刮除鱼鳞及刷洗鱼类食材表皮使用。

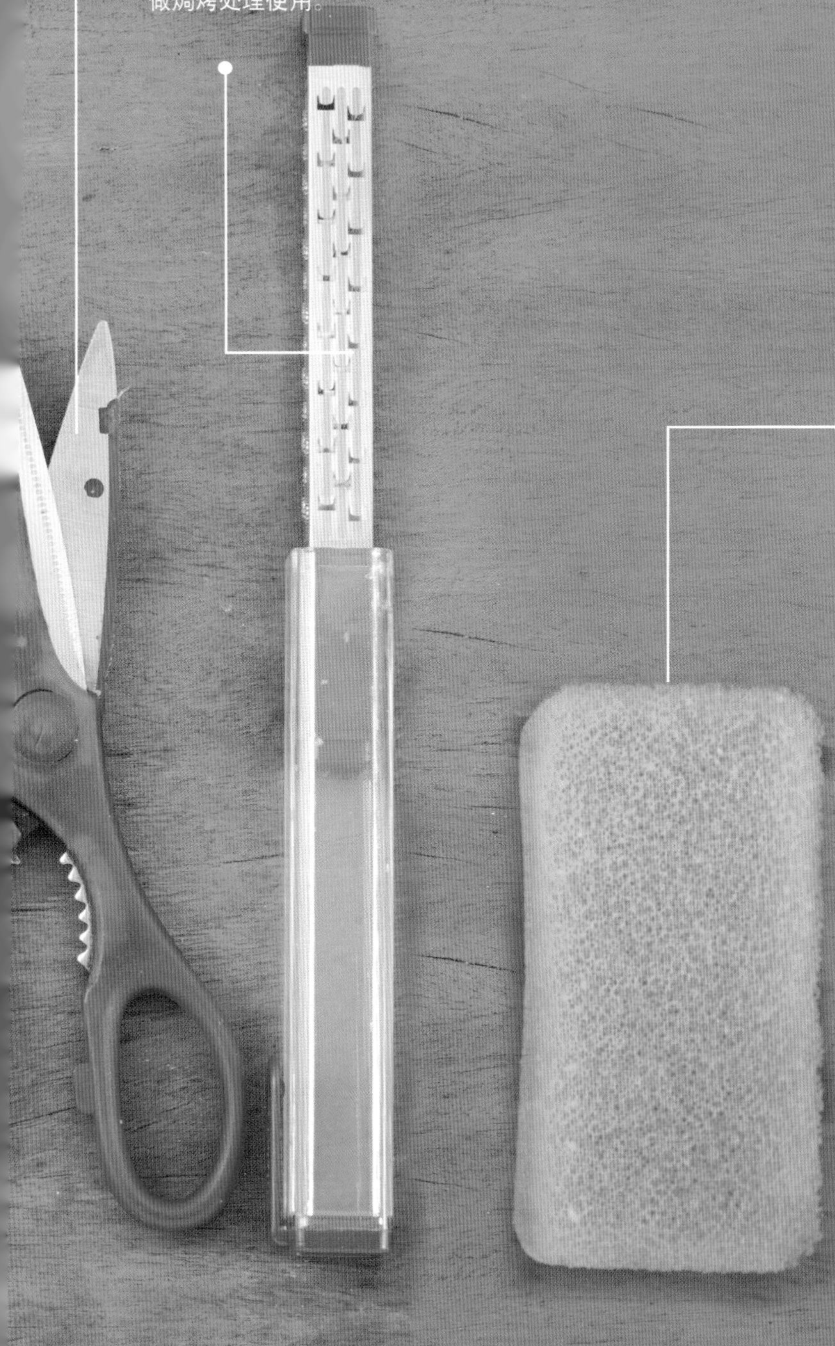

百里香

百里香味道辛香，一般在烹煮前加入，可使其充分释放香气于料理中，适合用于炖煮、腌烤等料理中。

鼠尾草

“想要身体好，就吃鼠尾草”，通过这句话可见鼠尾草营养价值之高。鼠尾草的气味浓烈，适合用于意大利面、烤肉或烤鱼的调味。

罗勒

罗勒是意大利酱料中“青酱”的主要制作材料，通常较常选用甜罗勒来制作酱料。番茄料理中可添加罗勒来衬托番茄的香甜。

莳萝

莳萝常在烹调鱼类时使用，可以去除腥味，煮汤或是烘烤能提升鱼的鲜美度，常食用莳萝还能健胃整肠。莳萝外形和茴香相似，但茴香气味较香甜，莳萝则是有一股特殊的辛香味。

紫苏叶

紫苏叶富含矿物质和维生素，其中β-胡萝卜素的含量更是所有蔬菜中的第一名，紫苏叶分泌的紫苏醛还能够去腥味，并且具有安抚神经的作用。将紫苏叶与鱼肉一同食用，还能增强鱼肉降血脂的功效。

牛膝草

牛膝草又称为神香草，具有强烈的薄荷香气。法国人除了甜品外，许多料理都会添加牛膝草。在料理海鲜上，可以将牛膝草作为装填材料同主食材一起烘烤，会使料理出炉时更具香气。

九层塔

九层塔其实是罗勒的一种，香气浓厚但口感较涩。如果制作青酱时缺少罗勒，也可以用九层塔代替。九层塔浓厚的香气能够掩盖海鲜的腥味，更能增添特殊香气。

荷兰芹

由荷兰人传入日本，再由日本人带进中国，所以称为“荷兰芹”。西方料理使用荷兰芹的方式就和我们使用香菜一样，会在料理完成后，作为点缀撒在料理上，有画龙点睛的效果。

迷迭香

在制作法国菜与意大利菜时最常使用的香料就是迷迭香，适合作为烧烤或煎煮前的腌渍调料，也可在烹调完成后撒在料理上做装饰。迷迭香能够改善失眠及头痛的症状，是很好的抗氧化剂，有助于人体吸收食物养分。

柠檬叶

柠檬叶具有抗氧化作用，添加在料理中有清爽的味道，仅适合调味，不适合拿来食用。料理时建议将柠檬叶切成细丝或捏碎，让香气充分融入料理中再捞取出。

柠檬

柠檬常作为调料使用，富含维生素C，多食用不仅能预防心血管疾病，还能消除皮肤黑色素沉淀，有许多好处。

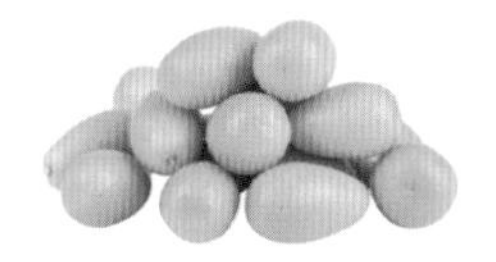

金橘

金橘含有大量的维生素C，能够止咳化痰及防治感冒。金橘味酸，但果实香气浓厚，取汁液淋在肉类、海鲜或沙拉上，可增加料理的鲜味。

香菜

香菜学名芫荽，其香味浓厚，常作为提味香料使用。因为烹煮过后体积会缩小，所以通常不加热，只会在料理完成后撒在食物上做装饰。

橄榄

橄榄富含钙质及维生素C，营养丰富，常在意大利料理中使用，作为色彩点缀与提味都很适合。

香茅

香茅因具有柠檬的香气，所以又称为柠檬草，能够止咳、祛寒。香茅清新的香气与海鲜的浓烈气味呈现强烈的对比，添加在料理中更能增添风味。

斑兰叶

斑兰叶又称七兰叶、香兰叶，可以切段作为调料使用，也可以直接包裹食材后蒸煮或煎烤。多食用斑兰叶还能降低尿酸值与治疗痛风。

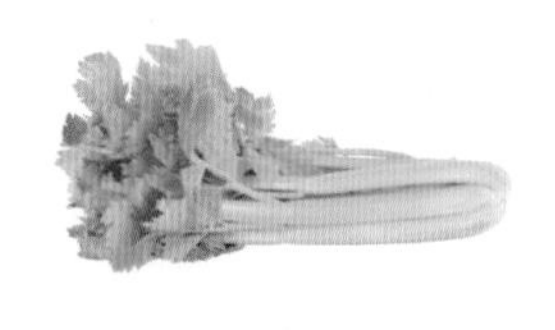

西芹

西芹味道浓厚，可以直接食用或是作为提味香料使用。西芹富含植物蛋白、糖类等营养素，多食用有降血压的效果，还能舒缓神经。

薄荷

具有清凉香味的薄荷，有去油解腻的作用，能够安抚虚弱的神经，使精神振奋。但因味道强烈，且有抑制乳汁分泌的作用，所以怀孕和哺乳期的妇女应尽量减少食用。

月桂叶

月桂叶最常见的使用方式是不将叶片切割，直接加入料理中烹调，因为月桂叶味道较辛辣，在料理中通常是取其香气而非辛辣，所以不予切割是避免其辛辣味散发出来。月桂叶的香气带一点花香，能衬托出海鲜的鲜美。

牛至

牛至气味浓烈，略有苦味，常用于海鲜、肉类和意大利面等料理的调味，意大利、墨西哥等国的料理中经常使用。

香料保存方法

当暂时不想使用香料时，可以将其放入冰箱冷藏，这样能让香料保持新鲜不皱烂，外形也较为美观。

海鲜调味料

番茄酱

番茄酱是制作糖醋酱料的主要调味料。番茄酱中的主要材料为番茄，含有丰富的B族维生素及番茄红素，能够抑制体内细菌滋长，是很好的抗氧化剂。

黄芥末酱

黄芥末酱由黄芥末粉、盐和醋等调味料调制而成，如果是由天然产品制成的黄芥末酱，热量不高又能增添风味，可以充分使用在料理中。

红曲酱

又称红糟，素有21世纪的盘尼西林之称，制成酱后用于料理，可去腥提味。多食用可降低血脂、血糖，并强化肝功能。

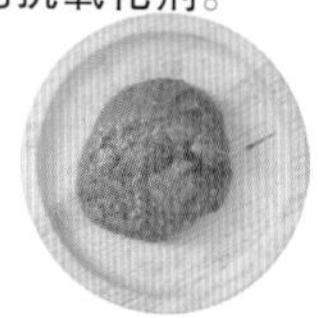

虾酱

虾酱是东南亚和中国华南地区常见的调味料，小虾加入盐发酵后，就会生成一股特殊的气味，通常不直接食用，多用于炒饭或炒面。

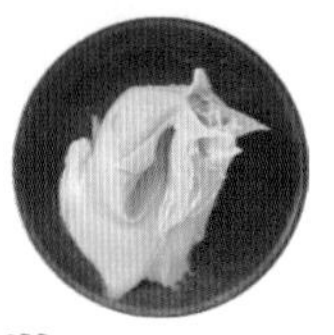

花生酱

花生酱广泛使用在料理中，可用于拌面条、制作馒头或是甜点，也可将花生酱涂抹在食材上，入烤炉烘烤也别有一番风味。

蛋黄酱

蛋黄酱由植物油、蛋和醋（或柠檬汁）等材料制成，可以作为凉拌时的调味料。

味淋

味淋为糯米加曲后所制而成，略带甜味，多用于水煮类和照烧类料理，其甜味能提升食材的原味，还能使肉质变硬，增添食物的色泽。

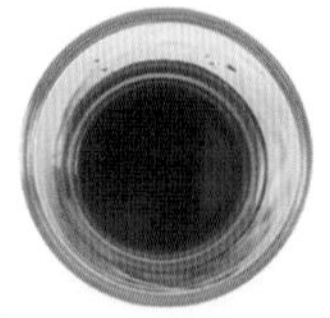

鱼露

鱼露为南洋料理中常见的调味料，以小鱼虾为原料，经过腌渍、发酵及熬煮等工序后完成。

香油

主要成分为芝麻油，对于食物有提味及增添香气的作用。食用香油有助于增进食欲，也利于食物吸收。

麻油

用芝麻提炼出的食用油，因为使用压榨法制成，所以香气及色泽都很浓郁，可在烹调或制作糕点时使用，也可用于调味。

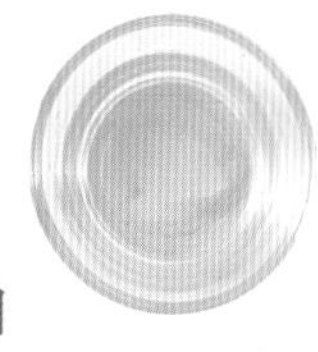

橄榄油

橄榄油通常在西式料理中使用，因橄榄油较动物油健康，所以近年来也常在中式料理中使用。要注意，特级初榨橄榄油适合凉拌，不适合高温烹煮。

酱油

纯酿酱油以大豆为主要原料，加入水、食盐，经过制曲和发酵，在各种酶的作用下酿制而成。在挑选上建议选用手工纯酿酱油。

酱油膏

酱油膏是特种酿造酱油晒炼的加工品，一般被当成蘸料食用。

甜酱油

甜酱油是带有甜味的酱油，一般用作蘸食调味使用，在广东料理中会用来煲汤或蒸饭，而在云南料理中则将甜酱油在做凉菜时使用。

白醋

透明无色，其气味较酸，为谷物发酵纯酿制成，多于烹调中使用或与其他调味料调和后蘸食食用，也可用来腌渍泡菜。

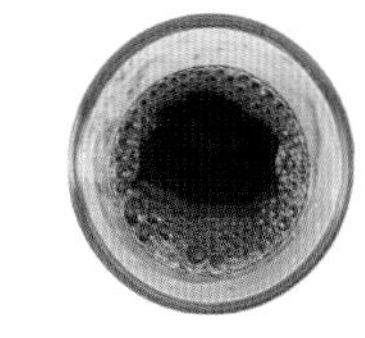

乌醋

顾名思义，即颜色较深的醋，味道较香，不如白醋酸呛，一般会用来勾芡或调和汤的味道，而搭配肉类料理的调味中多半会使用乌醋。

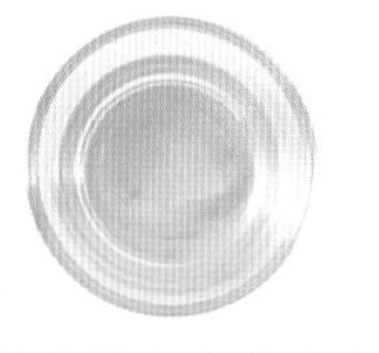

食用油

食用油较常在中式料理中使用，煎、炒、炸皆可使用。

奶油

奶油如果作为调料使用，可以取代食用油或橄榄油，将其作为烹调前的热锅油，香气十足且料理出炉后有浓厚的奶香味，别具一番风味。

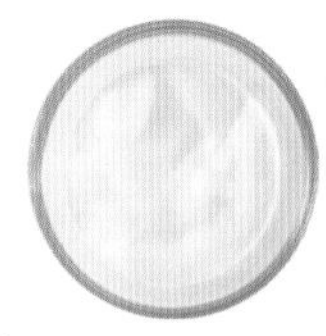

椰奶

椰奶主要原料为椰子水和椰子肉，通常在东南亚料理中使用，可以使料理口感更为温顺，充满奶香味。

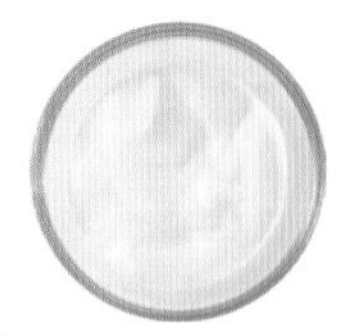

酸奶

以新鲜的牛奶为原料制成，把酸奶放在海鲜料理中可以使海鲜提味。

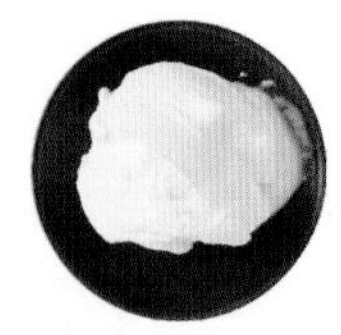

鲜奶油

鲜奶油是脂肪含量较高(30%~40% 乳脂含量）的乳制品，在西式料理中常用来调味及制作酱料。

米酒

米酒的主要原料为稻米，在海鲜料理中最常使用，因为可以去除海鲜的腥味，也能增加料理的香气。

食盐

自古以来用途最广的调味料，可调味也可用于食材腌渍保存。1 克食盐约有含量 400 毫克的钠，建议每日摄取量不超过 6 克。

辣椒粉

因辣椒富含维生素 C，所以需经过日晒或高温烹调才能大量释出其营养素。它能开胃及促进食欲。

白酒

在料理过程中加入白酒，可以增加风味又减少菜肴的油腻感，白酒还能使肉类更为软嫩，且烹煮后酒精挥发只留下香气，适合在烹煮海鲜料理时使用。

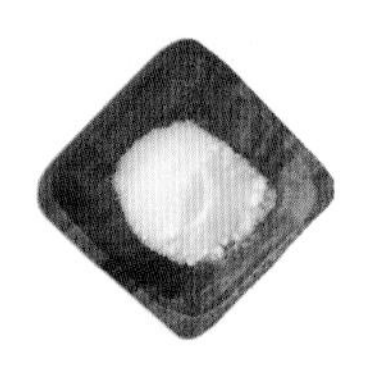

糖

即为有甜味的晶体，蔗糖、乳糖或果糖都属此种类别。一般烹调时多使用黄糖调味，炖、卤、煨及羹汤多使用冰糖，可增加其风味，也可使菜肴更具光泽。

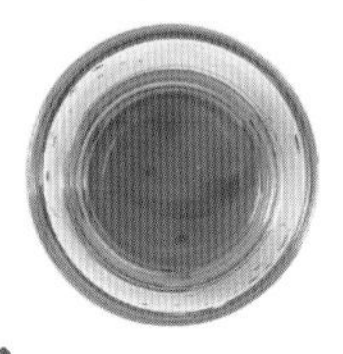

蜂蜜

在料理中使用蜂蜜，可以使料理咸淡适中，口感滑顺。

胡椒粉

胡椒粉是世界餐桌上广泛使用的调味料之一，香气浓郁，略带苦辣，能去腥助消化，且可做蘸食（加食盐一同调味）或加入汤中调味使用，营养价值颇高。

七味粉

以辣椒为主要调味料，再另外搭配六种不同的辛香料所制成，口感独特，粉状，色泽鲜艳，入口有香气，微带辛辣味。

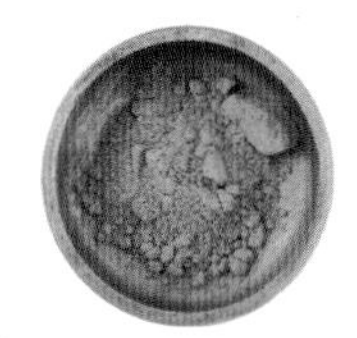

黄姜粉

天然的香料粉，烹调用，常用来制作咖喱汁，也可用于炒饭，多食用可促进食欲，对人体有益处。

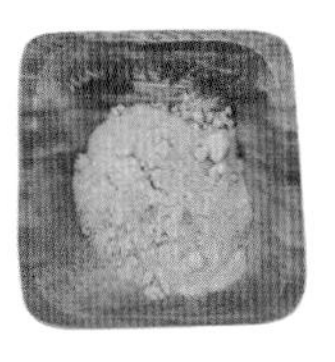

咖喱粉

有其特殊的香气，其作用在于提升食物本身的风味，因其煮后呈现浓稠感，因此在火候控制上需特别留意。

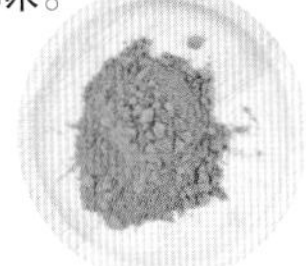

胡荽粉

西式料理中常用的一种调料，味道温和芳香，略带辛辣及清凉感，印度料理常使用其腌渍鱼类及猪肉等。

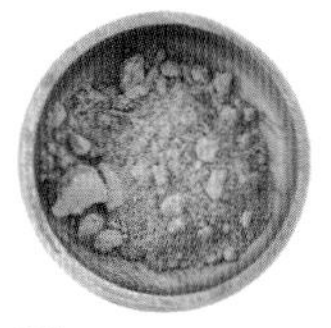

肉桂粉

来自印度的香辛料，近年来肉桂粉的运用更加多元，除了烹调时可加入椰奶做变化外，也可加入咖啡等饮品中调味。

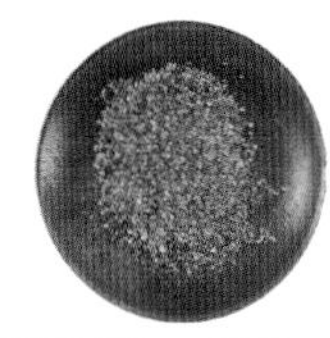

黑胡椒粉／碎

欧洲人料理时惯用的调味料之一，香气浓郁，味辣，油脂量高，通常会和食用盐一起调味，尤其在肉类料理中的味道特别出色。

茴香籽

为辛香系的调味料食材，也是法国绿茴香酒和茴香甜酒等出口酒的主要香料。粒状适用于烹饪调味及煲汤；粉状则用于肉类的烹调，味道甜中带辣。

丁香

此种香料主要有调味及腌渍的功能，味道浓郁，食用时口感辛辣略带苦味，入口易有麻涩感，可搭配甜的食物食用。

豆豉

豆豉的原料为黑豆或是黄豆，发酵过后蒸煮再晒干，反复这种过程后即成豆豉。在料理鱼时经常被用来调味，会有特殊的香气与口感。

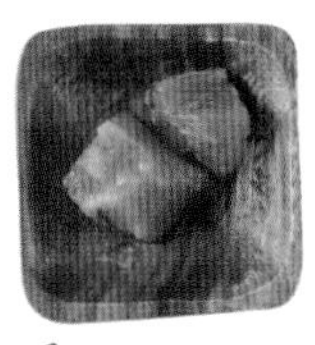

腌冬瓜

将冬瓜切成块状，在阳光下暴晒。于日落前将晒过的冬瓜收回后逐一抹盐，然后将抹好盐的冬瓜皮下肉上平铺于容器内，放置重物压紧，续晒两天以上，加入适量米酒于罐中或瓮中，约八分满后封存，两周后即完成。

鱼类

鱼类介绍

我国鱼类的捕捞与养殖都非常兴盛，每个季节随时都能吃到各式各样的鲜鱼，而且鱼含有丰富的营养，例如蛋白质、不饱和脂肪酸、钙和维生素等，鱼类的优质蛋白是人体必需的养分；不饱和脂肪酸可以保护视力，并且能够降低血液中的三酰甘油；钙可以帮助人体骨骼强健；维生素 D 则可以维持人体正常的骨质密度。

鱼类挑选法则

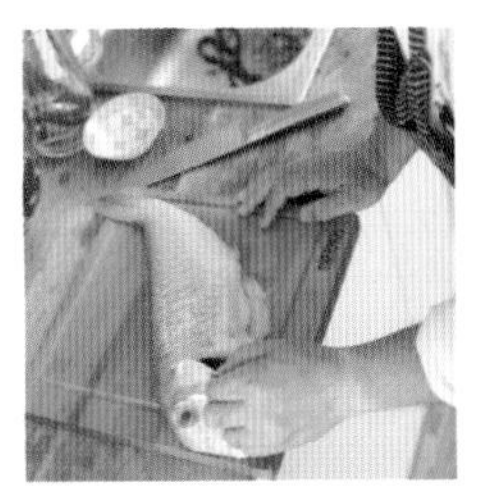

翻开鱼鳃，看是否呈现鲜红色，鱼鳃和鱼身要连接紧密，不分离。

鱼的眼睛要明亮有光泽，并且没有血丝。

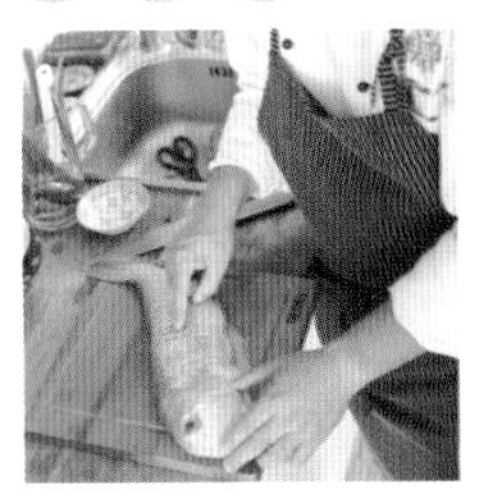

触摸鱼身，肉质需富有弹性且结实。

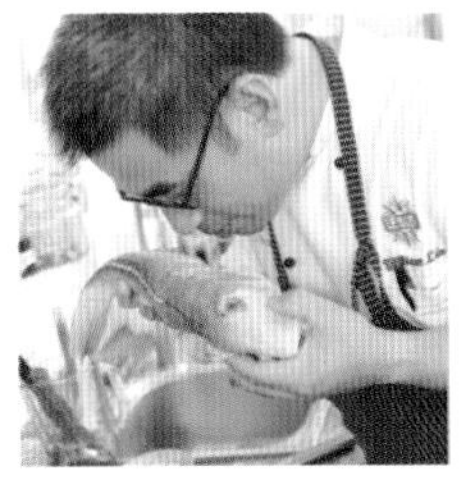

闻闻鱼体，是否有腐败的气味或是不自然的药水味。

鱼类清洗法则

去除鱼鳞时用刮鱼鳞刮刀，逆向刮除鱼鳞。

使用清除鱼鳞的除鳞菜瓜布刷去细小鱼鳞。

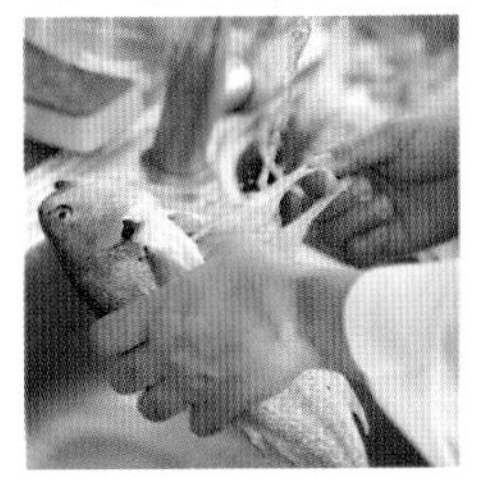

用刀将鱼肚划开，将内脏去除，并清洗干净。

用剪刀剪去鱼鳍，会比用刀切去容易，而且还不易伤手。

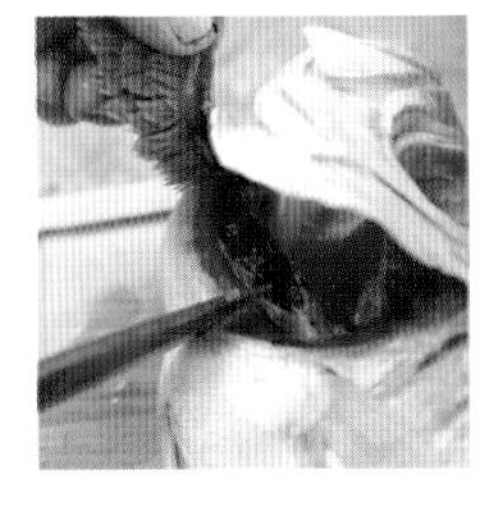

大型鱼类的鱼鳃可以用剪刀剪去。

可以使用小刀做辅助剥掉鱼皮，在边缘划刀后用手撕除。

鱼类保存法则

1. 为求新鲜，建议冷鲜保存，尽快料理。
2. 料理前要远离火炉，避免鱼肉遇热变质。

大眼鲷

粗皮嫩肉　煎烧皆宜

大眼睛是大眼鲷的特点。眼白呈现红色代表鱼新鲜。

鱼头和鱼体都有不易脱落的鳞片，需去皮食用。

鱼身通红。如果身体由红转白，代表鱼不新鲜。

大眼鲷又称为大目鲢，眼睛特别大，眼白呈现红色，身体侧扁，呈现卵圆形。大眼鲷含有丰富的蛋白质，优质脂肪含量也很高，鱼肉细致。清蒸、煮汤或酱烧，皆有特殊风味。

大眼鲷鱼刺极少，老人、小孩都适合食用。大眼鲷的肝脏也可以食用，但是味道略苦。要保持大眼鲷新鲜的红色，建议用塑胶袋包裹后冷藏，不直接接触冰块融化的水，才能持久地保持它的新鲜感。

清理大眼鲷的方法

清理时，建议将硬鱼皮剥除，这样比较好入口。一只手用小刀割鱼皮，另一只手轻轻将鱼皮撕下，鳃和鳍用剪刀去除之后，料理起来会较为方便。

STEP1 ➡ 用剪刀剪去鱼鳃。

STEP2 ➡ 一只手用小刀划割，一只手撕。

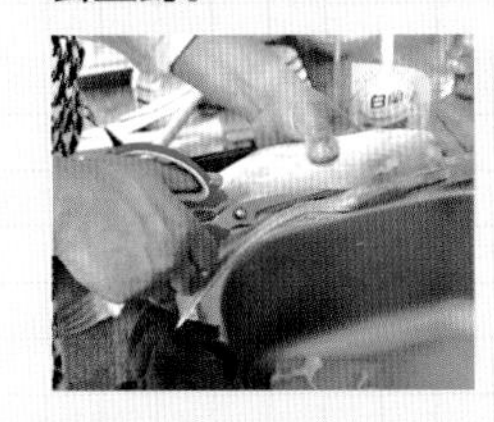

STEP3 ➡ 用剪刀剪去鱼鳍。

▶▶ 盛产季节 3～8 月

1 2 3 4 5 6 7 8 9 10 11 12

▶▶ 盛产地区

分布在全世界热带及亚热带海域，我国主要产于南海和东海南部。

▶▶ 建议料理方式

煲 煎 烤 炸 烧 拌 炒 生 蒸

▶▶ 大厨料理

青酱大眼鲷、辛香辣味大眼鲷

料理常识

Q 怎样分辨真假大眼鲷？

A 大眼鲷价格较高，在鱼市场上比较少见，如果购买不到大眼鲷，也可以使用红目鲢代替。大眼鲷与红目鲢肉质口感相近，而且红目鲢皮较薄，不需要剥皮。

有些不法商人，因为顾客喜欢喜气洋洋的红色大眼鲷，所以在打捞上岸后加以染色，使颜色更为鲜艳，但是这些加工染剂对身体百害而无一利。那么应该如何分辨真正新鲜的大眼鲷呢？可以从眼睛和鳃去判断，眼睛要明亮清澈，且眼白和鳃要呈现鲜红色才是真正新鲜的大眼鲷。

青酱大眼鲷

材料 Ingredients

大眼鲷	**350** 克
荷兰芹	**10** 克
香菜	**7** 克
大蒜	**5** 克
茴香籽	**5** 克
柠檬	**1/2** 个

锡箔纸	**1** 张
柠檬汁	**60** 毫升
橄榄油	**125** 毫升
盐	适量
白胡椒粉	适量

1. 将大眼鲷去皮和内脏后备用。
2. 准备果汁机，把荷兰芹、香菜、大蒜、茴香籽、橄榄油和柠檬汁打成泥状后倒出，再加入盐和白胡椒粉调味（成品即是青酱）。
3. 锡箔纸上放上大眼鲷，将酱汁抹到大眼鲷上，再用锡箔纸将鱼包起来。
4. 放入烤箱，以 **180**℃烤约 **25** 分钟后即可盛盘，一旁附上切好的柠檬片就完成了。

辛香辣味大眼鲷

材料 Ingredients

大眼鲷	350 克	白胡椒粉	10 克
洋葱	60 克	辣椒粉	10 克
大蒜	30 克	百里香	5 克
匈牙利红椒粉	20 克	盐	2 克

烹饪程序 Procedure

1. 将大眼鲷去皮和内脏后备用。
2. 将洋葱和大蒜切成细末。
3. 将匈牙利红椒粉、白胡椒粉、辣椒粉、百里香、盐与洋葱末、大蒜末混合在一起，制成腌料。
4. 将大眼鲷放入腌料中腌渍。
5. 将腌好的大眼鲷放入烤箱，以 180℃烤约 25 分钟即可装盘。

午仔鱼

味美价廉　肉质鲜嫩

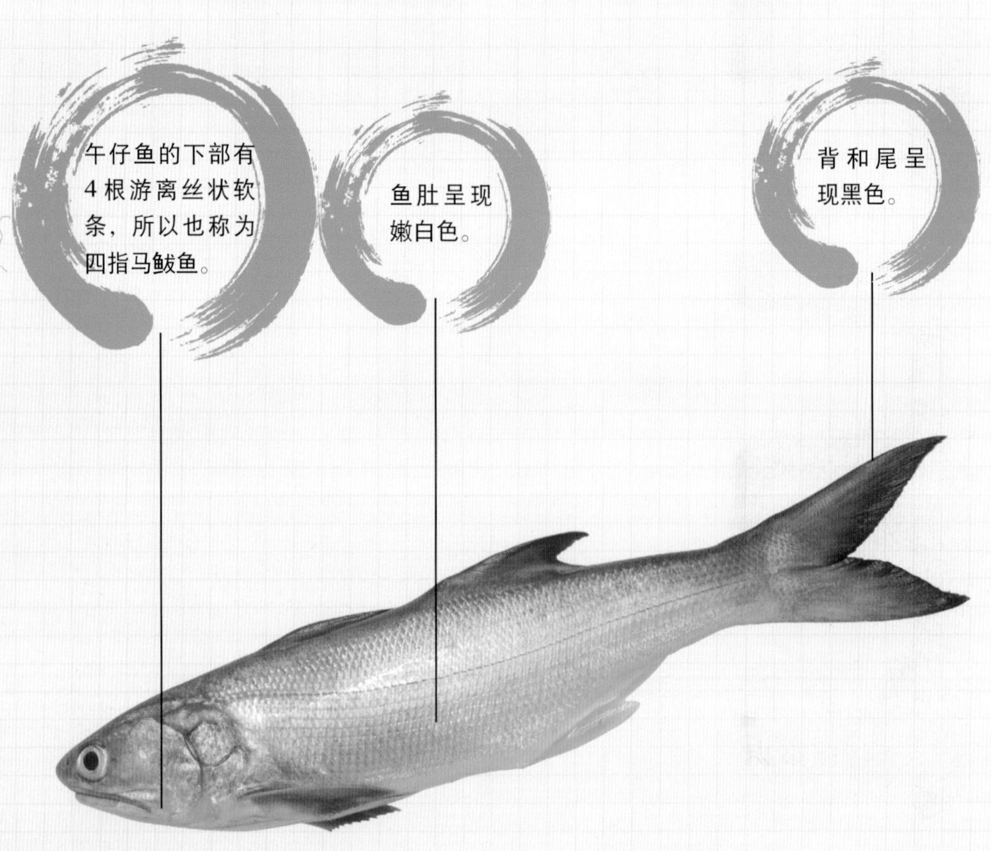

午仔鱼的下部有4根游离丝状软条，所以也称为四指马鲅鱼。
鱼肚呈现嫩白色。
背和尾呈现黑色。

午仔鱼又称为四指马鲅、竹午或大午，体长可达 74 厘米。秋末到初春是午仔鱼的盛产季节，价格较亲民，此时吃午仔鱼最适合。

午仔鱼鱼肉细致且没有小刺，因为长期处在寒冷的海水中，所以储存了丰厚的脂肪，使鱼肉更为滑嫩鲜美。这种营养丰富的鱼最适合清蒸或水煮，简单的烹饪方法就能品尝到它的鲜美。

多吃午仔鱼的益处：

提高免疫力。其富含蛋白质，可以消水肿、降血压及改善贫血的症状。

食疗功效。可以改善肠胃虚弱、气喘等症状，是很好的食疗食材。

补充能量。午仔鱼富含糖类，既能给大脑提供所需能量，又能提供膳食纤维，还有脂肪代谢作用。

▶▶ 盛产季节 10 月至翌年 2 月

1 2 3 4 5 6 7 8 9 10 11 12

▶▶ 盛产地区

分布于日本、越南及中国台湾海域。台湾地区除了东部海域外，皆可见午仔鱼的踪迹，其中以西部和北部居多。

▶▶ 建议料理方式

煲 煎 烤 炸 烧 拌 炒 生 蒸

▶▶ 大厨料理

坚果烧午仔鱼、蒜香树子蒸午仔

料理常识

Q 如何分辨野生的午仔鱼和养殖的午仔鱼呢？

A

	野生午仔鱼	养殖午仔鱼
产季	每年 10 月到翌年 2 月	全年皆有
产地	台湾地区西南沿海	屏东林边、佳冬和枋寮为主
价格	高	低
鱼身	银白带黑	银白带微黄
体形	大小不一，4~5 条重 0.5 千克到 1 条重 5~10 千克皆有	按尺寸分级，1 箱 12~27 条皆有，体形差不多

坚果烧午仔鱼

材料 Ingredients

午仔鱼	300 克
什锦坚果	80 克
姜	15 克
青葱	20 克
水	200 毫升
面包粉	30 克

橄榄油	30 毫升
酱油	60 毫升
糖	10 克
乌醋	30 毫升
盐	适量
白胡椒粉	适量

烹饪程序 Procedure

1. 午仔鱼去鳞和内脏后洗清划刀，再撒上盐和白胡椒粉调味，并沾面包粉备用。
2. 取姜切片；青葱切段。
3. 煎锅放入橄榄油，以中火煎备好的午仔鱼，煎成两面呈金黄色即可。
4. 放入姜片、葱段爆香。
5. 加入酱油、水和糖烧开后，用小火慢煮。
6. 把鱼煮熟后加入乌醋和什锦坚果即可。

蒜香树子蒸午仔

午仔鱼	300 克	料理米酒	20 毫升
树子	80 克	盐	少许
大蒜	20 克	食用油	60 毫升

1. 将午仔鱼去鳞和内脏后洗净划刀，用盐和料理米酒涂抹鱼身表面，腌渍一下。
2. 将大蒜切成薄片。锅内放入食用油，加入大蒜片，用小火慢慢把蒜片炸成金黄色，捞起后把油沥干备用。
3. 把树子和炸好的蒜片放在午仔鱼上，入锅蒸约 **12** 分钟即可盛盘。

TIPS

炸蒜片时建议使用冷油

如果用热油炸蒜片，蒜片容易焦黑，冷油可以在蒜片煎炸后呈现美丽的金黄色。

加纳鱼

百鱼之王　高级鲜鱼

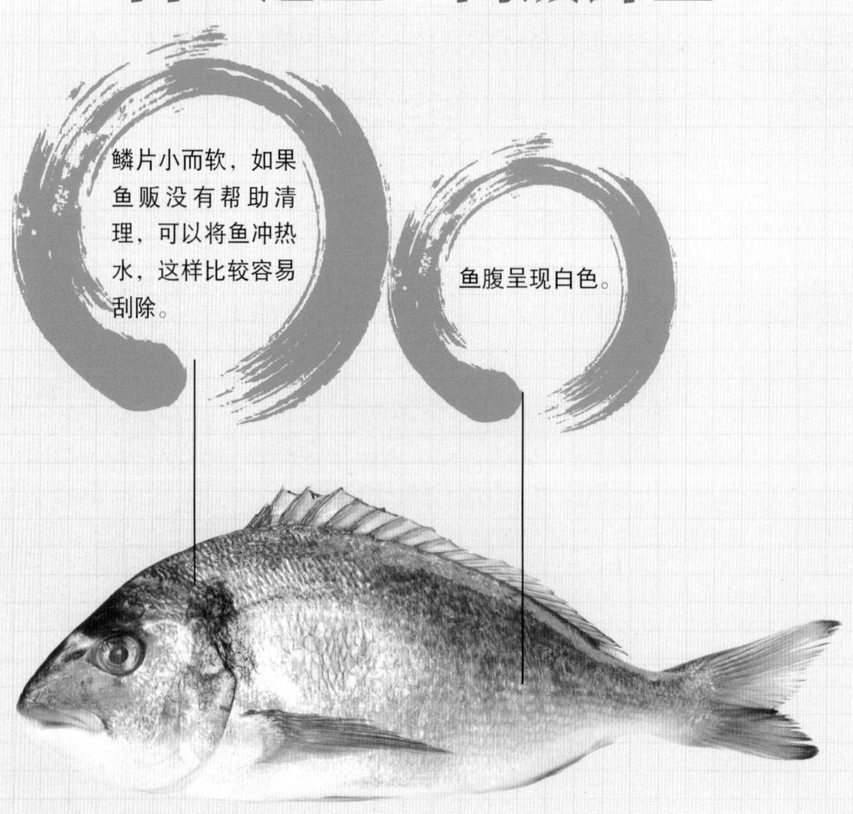

鳞片小而软，如果鱼贩没有帮助清理，可以将鱼冲热水，这样比较容易刮除。
鱼腹呈现白色。

加纳鱼又称为嘉鱲鱼、真鲷或加几鱼，是日本人心中的“百鱼之王”。体长最长可达 1 米，一般每只在 30 厘米左右，重量最重可达 14 千克。因为早期过度捕捞，使得加纳鱼数量减少，所以目前以养殖居多，它是我国重要的养殖鱼类。

▶▶ 盛产季节 12 月至翌年 2 月

1 2 3 4 5 6 7 8 9 10 11 12

▶▶ 盛产地区

分布于西北太平洋海域，日本至中国南海都可见其踪迹。

▶▶ 建议料理方式

煲 煎 烤 炸 烧 拌 炒 生 蒸

▶▶ 大厨料理

鱼香酱加纳、西柠加纳鱼

料理常识

Q 加纳鱼的营养有哪些？

A 加纳鱼肉质紧实而且带有一股清香，入口即化。它含有丰富的营养，如蛋白质、维生素和 DHA 等，可以增强脑细胞功能，强化脑部记忆力。加纳鱼适合生食或采用烧烤、煮汤或清蒸的烹调方式。需要注意的是，加纳鱼属于高嘌呤的鱼种，建议痛风患者少食。

鱼香酱加纳

材料 Ingredients

加纳鱼片	160 克
猪肉馅	50 克
地瓜粉	50 克
炸油	500 毫升
大蒜	5 克
姜	5 克
食用油	10 毫升
酱油	30 毫升
糖	15 克
乌醋	30 毫升
辣椒酱	35 克
水	90 毫升
米酒	15 毫升

烹饪程序 Procedure

1. 将大蒜和姜切碎。
2. 将加纳鱼片用米酒和切好的姜、蒜腌渍约 20 分钟，再蘸地瓜粉备用。
3. 锅内放入炸油，放入加纳鱼片以中火炸至鱼呈金黄色，捞出备用。
4. 另一只锅放入食用油，以中火炒猪肉馅，再加入酱油、糖、辣椒酱、水和乌醋拌炒均匀，制成酱汁。
5. 把炸好的鱼加入酱汁里烩至入味即可盛盘。

TIPS

不油腻的鱼料理

鱼香酱加纳先经过油炸，再加油烹煮，两道烹饪程序都使用油，为了使口感不过于油腻，建议在步骤 3 完成后，将鱼放在厨房用纸上以吸附出多余油脂。

西柠加纳鱼

加纳鱼	250 克
面粉	50 克
荷兰芹	3 克
食用油	50 毫升
柠檬	1/2 个
柠檬汁	45 毫升

白醋	60 毫升
糖	20 克
雪碧汽水	120 毫升
盐	适量
白胡椒粉	适量

1. 将加纳鱼去鳞和内脏，撒上盐和白胡椒粉，蘸上面粉备用。
2. 将荷兰芹切碎；柠檬切片备用。
3. 锅内放入食用油，将裹好粉的加纳鱼用中火煎至两面均呈金黄色。
4. 另起一锅，将柠檬汁、白醋、糖和雪碧汽水混合煮开。
5. 炸好的鱼放入锅中煮至收汁。
6. 切好的荷兰芹碎和柠檬摆放在鱼上即可盛盘。

四破鱼

深海小鱼　肉嫩味甘

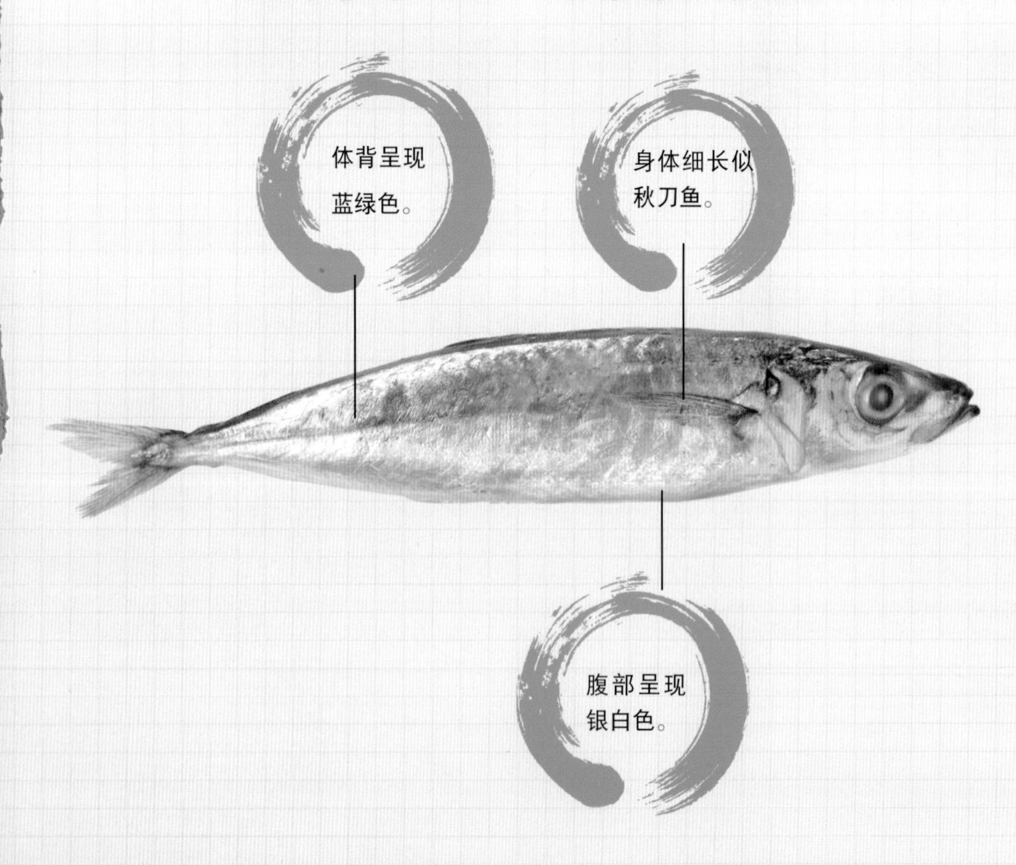
体背呈现
蓝绿色。
身体细长似
秋刀鱼。
腹部呈现
银白色。

四破鱼又称为硬尾、广仔或巴拢，福建称为竹叶鲹，体长最长可达35厘米，市面上购买到的多是煮熟或晒干的四破鱼。那么为什么叫“四破鱼”呢？这是因为渔民在打捞四破鱼上岸后，会先将其煮熟，方便保存。熟透的四破鱼尾巴会分裂成四瓣，所以称作“四破”；另有一说法是煮熟后的四破鱼可以轻易剖成四瓣，分离鱼刺与内脏，所以称为“四剖”，又常被误称为“四破”。无论是哪一种名称由来，四破鱼都是家庭餐桌上的美味。它的烹饪方法简单，只需简单的干煎就很好吃。四破鱼的内脏像秋刀鱼一样不去除，可以品尝到它特殊的甘苦味，再酌一杯小酒，就是最棒的美味。

四破鱼虽然是小型的深海鱼，但营养价值却等同于大型的深海鱼。它含有丰富的DHA和EPA，可以促进人体脑部发育；另外含有钙质与维生素D，能够促进骨骼发育。

▶▶ 盛产季节 12月至翌年2月

1 2 3 4 5 6 7 8 9 10 11 12

▶▶ 盛产地区

分布于全球的热带及温带海域，东至美洲西岸，北至日本，都见得到四破鱼的踪迹。我国沿海地区也皆可捕获。

▶▶ 建议料理方式

煲 煎 烤 炸 烧 拌 炒 生 蒸

▶▶ 大厨料理

椰奶四破鱼、茄汁香味四破鱼

椰奶四破鱼

材料 Ingredients

四破鱼	250 克
姜	20 克
绿辣椒	30 克
紫洋葱	50 克

番茄	50 克
盐	适量
椰奶	350 毫升

烹饪程序 Procedure

1. 将四破鱼去鱼鳞、内脏，洗净后备用。
2. 姜切碎；绿辣椒切圈；紫洋葱、番茄切成丁备用。
3. 锅内加入椰奶煮滚后，加入切好的配料，放入盐，煮成酱汁。
4. 把四破鱼放入酱汁里，煮至鱼熟即可盛盘。

TIPS

普通洋葱也可以替代紫洋葱

使用紫洋葱的目的是让料理的色彩更丰富，如果买不到紫洋葱，也可以用普通的洋葱代替。

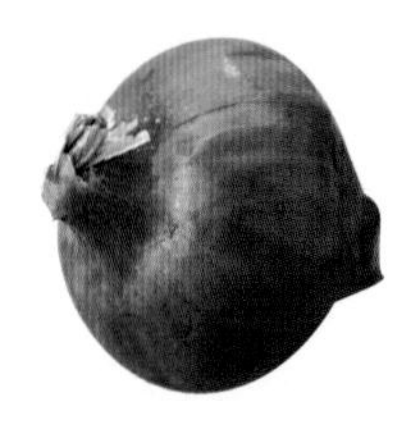

茄汁香味四破鱼

四破鱼	250 克
姜	10 克
大蒜	10 克
洋葱	30 克
红辣椒	15 克
茴香	20 克

梅林辣酱油	60 毫升
番茄酱	250 毫升
糖	15 克
水	50 毫升
黑胡椒碎	5 克
食用油	30 毫升

1. 将四破鱼去鱼鳞、内脏，洗净后备用。
2. 将洋葱、姜、大蒜和红辣椒切成碎末。
3. 锅中放入食用油，用中火将切好的配料炒香。
4. 加入番茄酱、梅林辣酱油、糖和水，制成酱汁。
5. 把四破鱼放入煮好的酱汁中，炖熟时再放入黑胡椒碎。
6. 收汁后盛盘，再放上茴香点缀即可。

马鲛鱼

远洋鲜鱼　物稀味美

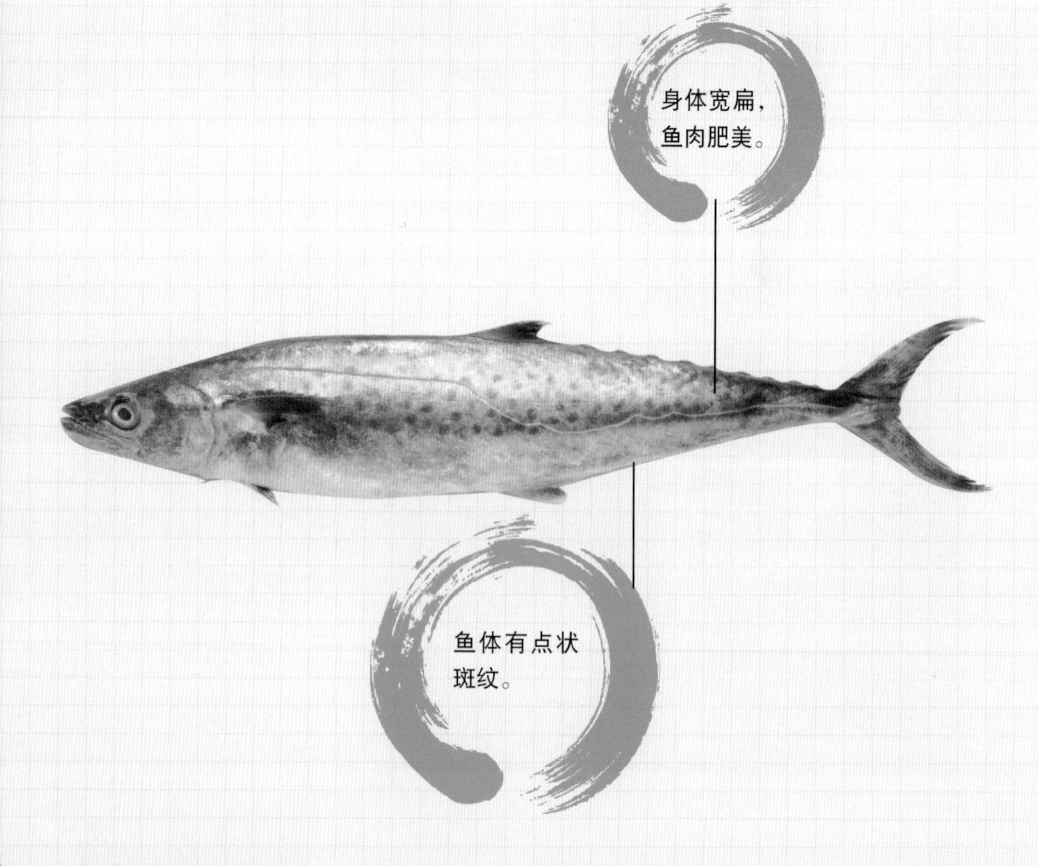

马鲛鱼又称为白腹鱼、白腹仔或白北鱼。因为肉质较细致，所以比较适合制成生鱼片。马鲛鱼是洄游性鱼类，所以受污染程度较沿岸鱼类低，价格会较一般鲜鱼昂贵，尤其在过年期间，价格更是惊人。

马鲛鱼因为外貌和鲅鱼相似，所以经常被搞混，最容易分辨两者的是，马鲛鱼和鲅鱼的花纹相异，马鲛鱼的花纹是深色的小黑点，鲅鱼则是有暗色条纹。但是味道同样鲜美可口。马鲛鱼适合干煎或制作成鱼羹，用清蒸方式也能锁住其美味。

▸▸ 盛产季节 5～6 月

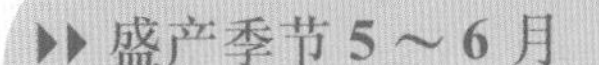

1 2 3 4 5 6 7 8 9 10 11 12

▸▸ 盛产地区

主要分布在北太平洋西部。我国主要产区为东海、黄海和渤海，在南海以海南文昌铺前附近海域最为著名。

▸▸ 建议料理方式

煲 煎 烤 炸 烧 拌 炒 生 蒸

▸▸ 大厨料理

香茅煎马鲛鱼、醋烧马鲛鱼

料理常识

Q 马鲛鱼非白带鱼？

A 许多人会将马鲛鱼和白带鱼搞混，但两者是区别很大的鱼类，马鲛鱼体形一般在35~45 厘米之间，刺少、脂肪含量高，适合做鱼羹；白带鱼体长可达 1.5 米，身体闪闪发亮，适合干煎。

香茅煎马鲛鱼

材料 Ingredients

马鲛鱼	225 克
姜	20 克
大蒜	15 克
洋葱	10 克
香茅	35 克
香菜	10 克
盐	适量
白胡椒粉	适量
食用油	30 毫升

烹饪程序 Procedure

1. 马鲛鱼洗净后擦干水分。
2. 将姜、大蒜、洋葱、香茅和香菜切碎备用。
3. 将切碎的材料放入碗中，再加入盐和白胡椒粉制成调味料。
4. 将马鲛鱼放入调味料里腌渍约 **30** 分钟。
5. 锅内加入食用油烧热，用中火将鱼煎至两面上色，约 **10** 分钟即可盛盘。

TIPS

厚片鱼肉的烹煮方式

购买的切片鱼厚度不一，较厚的鱼肉在煎煮时可以用锅盖盖着，并且转小火焖煮，这样比较容易熟。

醋烧马鲛鱼

材料 Ingredients

马鲛鱼	225 克
姜	15 克
大蒜	15 克
柠檬叶	1 片
红辣椒	15 克

鱼露	35 毫升
白醋	20 毫升
糖	10 克
水	50 毫升
食用油	30 毫升

烹饪程序 Procedure

1. 马鲛鱼洗净后擦干水分。
2. 将姜、大蒜和红辣椒切片；柠檬叶切丝备用。
3. 锅内放入食用油烧热，以中火将马鲛鱼煎至两面上色，再将步骤 2 的材料放入炒锅翻炒。
4. 将糖、鱼露、白醋和水放入锅中，烧约 10 分钟即可。

白带鱼

味美价廉　保肝健胃

鱼头适合煮汤，加入蔬菜及其他海鲜熬煮，就可以成为一锅海鲜鱼汤。

白带鱼尾段偏干，油脂较少，可以切段煮汤。

白带鱼腹肉鲜美，适合干煎或红烧。

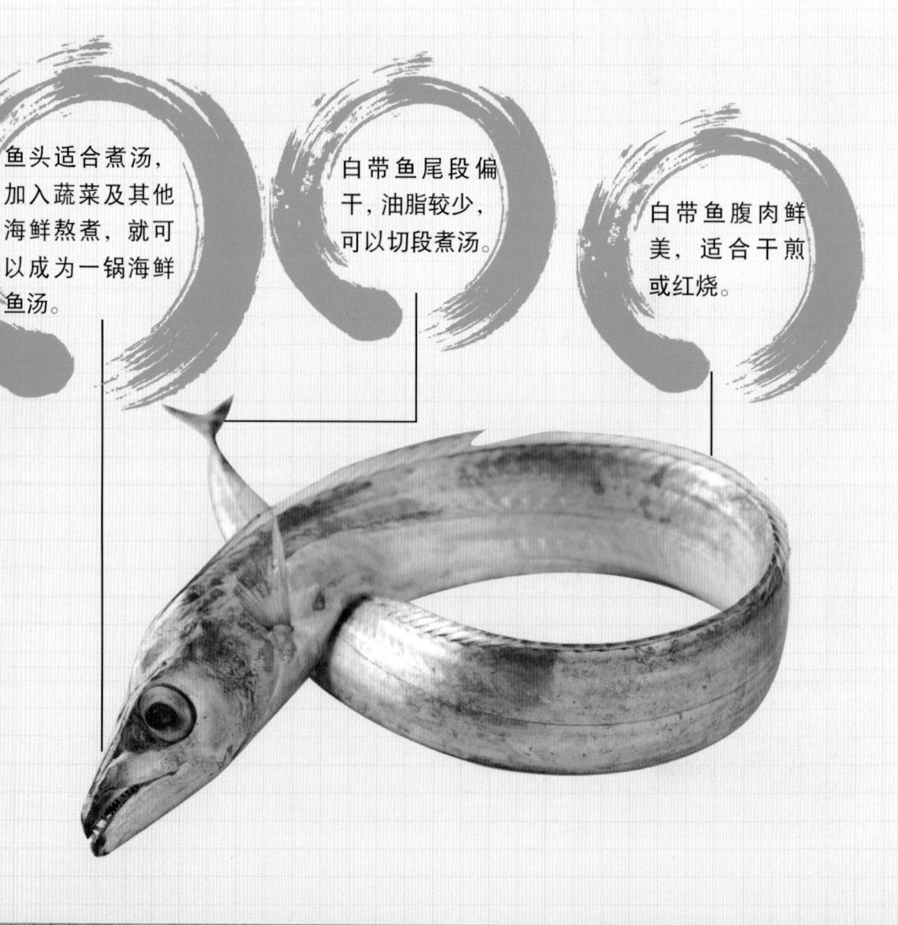

白带鱼是夜行性的鱼种，最长可达 1.5 米，以蛇行的方式游动，因为会在夜间上游至海水表层，所以渔民多在夜间抓捕，钓客也以夜钓居多。

因为白带鱼体长，形状像极日本的武士刀，而且还会反光，所以又称为“太刀鱼”。需要注意的是，白带鱼的内脏容易藏有寄生虫，所以不建议生食，可以煮汤、煎烤或是红烧食用。因为白带鱼脂肪含量低，热量也不高，所以对于想瘦身的人来说是很好的食材。另外，因为白带鱼鱼刺不多，也适合老人及幼童食用。

食用白带鱼还可以强健脾胃，患有肝炎的患者，平时可以多吃些。哺乳期的妇女也可以多吃白带鱼，有助于分泌乳汁。白带鱼中含有镁，可以预防阿尔茨海默病，改善高血压及高血脂症状，但是建议不要和牛奶一起食用，因为牛奶会影响镁的吸收。白带鱼还富含维生素 D，能够预防感冒。

▶▶ 盛产季节 4 ～ 7 月

1 2 3 4 5 6 7 8 9 10 11 12

▶▶ 盛产地区

分布在全世界温带、热带海域，我国各地皆产。

▶▶ 建议料理方式

煲 煎 烤 炸 烧 拌 炒 生 蒸

▶▶ 大厨料理

莳萝白带鱼汤、嫩煎油带佐鼠尾草衬柠檬

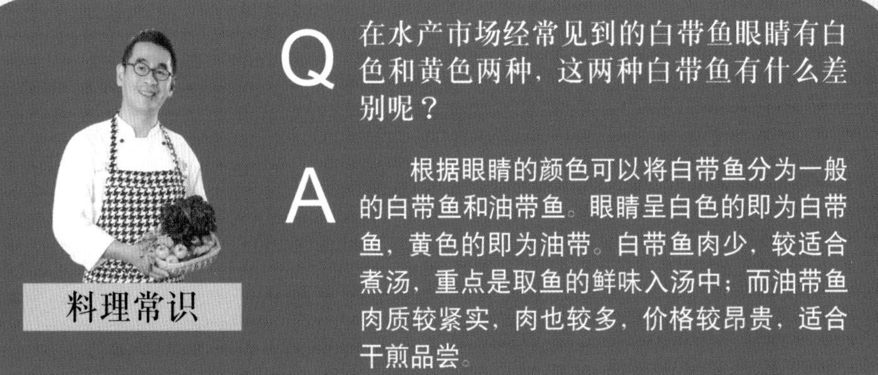

Q 在水产市场经常见到的白带鱼眼睛有白色和黄色两种，这两种白带鱼有什么差别呢？

A 根据眼睛的颜色可以将白带鱼分为一般的白带鱼和油带鱼。眼睛呈白色的即为白带鱼，黄色的即为油带。白带鱼肉少，较适合煮汤，重点是取鱼的鲜味入汤中；而油带鱼肉质较紧实，肉也较多，价格较昂贵，适合干煎品尝。

莳萝白带鱼汤

材料 Ingredients

白带鱼	250 克
青葱	20 克
姜	10 克
莳萝	10 克
水	300 毫升

盐	适量
黑胡椒碎	适量
食用油	30 毫升
白酒	10 毫升

烹饪程序 Procedure

1. 将白带鱼去鳞和内脏，清洗过后切成 **5** 厘米长的段备用。
2. 将青葱、姜切成片状；莳萝取嫩叶。
3. 锅内加入食用油以中火煎白带鱼至两面酥脆，颜色呈金黄色即可。
4. 把姜、青葱加入锅内炒出香味。
5. 加入白酒、水煮开后，用盐、黑胡椒碎调味。
6. 最后撒上莳萝嫩叶，料理就完成了。

TIPS

先煎再煮汤，可以去除鱼腥味

在煮鱼汤时，为了去除腥味，通常会加入姜丝。除此方法，也可以将白带鱼先干煎，煮出来的鱼汤会更鲜美。

嫩煎油带佐鼠尾草衬柠檬

油带鱼	160 克	盐	适量
鼠尾草	3 克	白胡椒粉	适量
柠檬	1/2 个	食用油	30 毫升

1. 油带鱼去鳞和内脏，清洗后擦干水分，切成 8 厘米长的段备用。
2. 把鼠尾草叶贴在鱼肉上面。
3. 准备煎锅，加入食用油用中火煎鱼，煎至两面上色后转小火。
4. 加盖焖 5 分钟后用白胡椒粉和盐调味，盛盘后旁边附上柠檬即可。

TIPS

可以代替鼠尾草的香料

鼠尾草的味道似薄荷叶，如果买不到鼠尾草，可以用百里香或是迷迭香代替。

石狗公

煲汤首选　极致美味

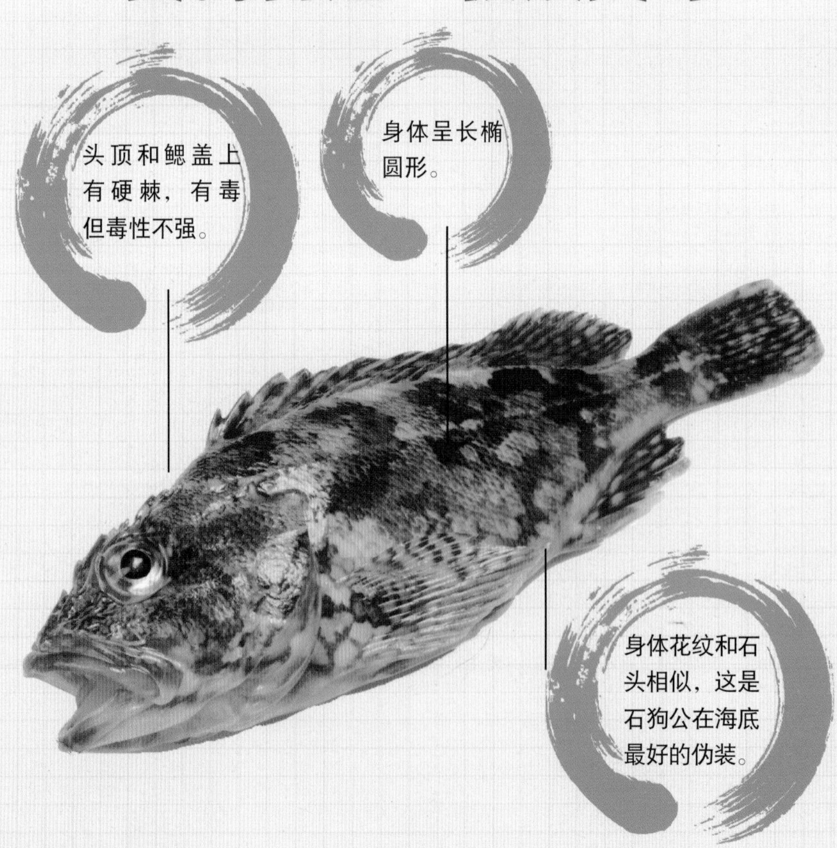

头顶和鳃盖上有硬棘，有毒但毒性不强。
身体呈长椭圆形。
身体花纹和石头相似，这是石狗公在海底最好的伪装。

石狗公又称为石头鱼或狮瓮，体长可达25厘米，浅海的石狗公体形较小，深海的石狗公体形较大。身体颜色会随着栖息的环境而变化，最常见的是朱红色或是有石头花纹的石狗公。在秋冬时鱼肉最为鲜美，因为繁殖期会积极地觅食，所以早春时节较容易捕获石狗公。

石狗公肉质滑嫩、有弹性，最适合清蒸或煮汤，红烧时也可以增加调味料的甜味，借此呼应鱼肉的鲜甜，使味道更加鲜美可口。如果购买的石狗公比较大，头尾煮汤，可喝到大海的鲜美，中段鱼肉可炸酥再佐酱汁，一鱼两吃，品尝丰富的滋味。

▸▸ 盛产季节 10 月至翌年 2 月

1 2 3 4 5 6 7 8 9 10 11 12

▸▸ 盛产地区

分布于西太平洋、日本以及中国南海等海域。我国台湾地区北部产量较多。

▸▸ 建议料理方式

煲 煎 烤 炸 烧 拌 炒 生 蒸

▸▸ 大厨料理

火腿芫荽鲜鱼汤、月桂笋片鲜鱼汤

料理常识

Q 石狗公的毒在哪里？该怎么处理呢？

A 头顶和鳃盖上有硬棘，上面有毒性不强的毒，称为“蛋白毒素”，如果被刺到会造成伤口红肿、疼痛，但是只要烹调温度超过100℃，毒性就会完全消失，可以安心食用。如果不小心被刺到，可以将伤口浸泡在热水中30~60分钟，使毒性消失。建议不要轻易品尝石狗公生鱼片，除非是去专门的料理店。

火腿芫荽鲜鱼汤

材料 Ingredients

石狗公	160 克
熟火腿	60 克
香菜（芫荽）	20 克
嫩姜	10 克

水	1 升
盐	适量
白胡椒粉	适量

烹饪程序 Procedure

1. 将石狗公去鳞和内脏，洗净，切成块备用。
2. 将香菜切段；嫩姜切丝；熟火腿切片。
3. 锅中加入水烧开。
4. 把鱼肉和切好的材料加入到开水里煮，再加入盐、白胡椒粉调味即可。

月桂笋片鲜鱼汤

石狗公	160 克	嫩姜	10 克
竹笋	25 克	水	1 升
香菇	50 克	盐	适量
月桂叶	1 片	白胡椒粉	适量

1. 将石狗公去鳞和内脏，洗净，切块备用。
2. 将竹笋、香菇和嫩姜切成薄片。
3. 准备一只锅，加入水烧开。
4. 先把切好的材料放入水中煮出味道，再放入石狗公和月桂叶熬汤。
5. 加入盐和白胡椒粉调味即可。

石斑鱼

骨肉易离　皮爽肉滑

花纹会因品种不同而不同。
不同品种的石斑鱼体形不同，巨型石斑鱼体长可达6米。
牙齿很少，靠牙板碾碎食物。

石斑鱼在我国就有 52 种，体形较大，野生的石斑鱼体长可达 6 米。石斑鱼营养丰富，而且又容易人工饲养、价值也高，深受广大养殖户的喜爱。

石斑鱼有独特的自然生态环境和生活习性，这使其营养丰富、肉质细嫩、味道鲜美。据有关资料和专家介绍，石斑鱼肉中的蛋白质含量高于一般鱼类，除含人体所需的各种氨基酸外，还含有无机盐、铁、钙、磷以及维生素等人体必需的营养物质，是经济价值很高的鱼种，更是宴席上的佳肴。

▶▶ 盛产季节 3 ～ 7 月

1 2 3 4 5 6 7 8 9 10 11 12

▶▶ 盛产地区

分布于太平洋、印度洋和大西洋，我国各地皆有鱼获。

▶▶ 建议料理方式

煲 煎 烤 炸 烧 拌 炒 生 蒸

▶▶ 大厨料理

红曲炸石斑衬野菜、腌冬瓜蒸石斑鱼

料理常识

Q 石斑鱼有怎样的营养价值？

A 石斑鱼的营养价值极高，鱼皮上的胶质深受许多饕客的喜爱，经常食用可以促进人体的胶原细胞生长。石斑鱼被称为“美容护肤之鱼”。

需要注意的是，石斑鱼含有丰富的蛋白质，所以要避免和含单宁酸的食物一起食用，否则会使蛋白质吸收不完全。

红曲炸石斑衬野菜

材料 Ingredients

石斑鱼	250 克	红曲酱	80 克
食用油	500 毫升	盐	适量
豆瓣菜	80 克	白胡椒粉	适量
地瓜粉	80 克	糖	5 克
百里香叶	2 克		

烹饪程序 Procedure

1. 将石斑鱼去鳞和内脏，洗净，划刀备用。
2. 将红曲酱、盐、白胡椒粉、糖和切碎的百里香叶一起拌匀成腌酱。
3. 将石斑鱼放入腌酱中腌渍约 20 分钟，再蘸上地瓜粉，放置约 5 分钟。
4. 锅内放入食用油，用中火把腌好的石斑鱼炸熟并上色。
5. 将豆瓣菜放在炸过的石斑鱼旁就完成了。

TIPS

TIPS 1➡ 水芹菜替代豆瓣菜

如果没有豆瓣菜，也可以使用水芹菜替代，两者都可以去除鱼的腥味。

TIPS 2➡ 炸出美丽的石斑鱼

炸石斑鱼时建议将鱼身切成格子状，煎炸时鱼肉会散开，制成菜品后外观较美观。

腌冬瓜蒸石斑鱼

材料 Ingredients

石斑鱼	60 克	冬瓜	60 克
姜	10 克	水	50 毫升
青葱	10 克	盐	少许
红辣椒	10 克	糖	3 克
香菜	5 克	香油	20 毫升

烹饪程序 Procedure

1. 将石斑鱼去鳞和内脏，洗净，划刀后备用。
2. 将姜、青葱和红辣椒切丝；香菜切段备用。
3. 将冬瓜切碎，和水、盐、糖、香油拌在一起制成酱汁。
4. 将石斑鱼装盘，淋上酱汁。
5. 入锅蒸约 12 分钟后拿起，再放上切好的材料即可。

刺鲳

家常鲜鱼　味美价廉

身形短小，但肉质鲜美。

刺鲳的鳃盖上有明显的小黑斑。

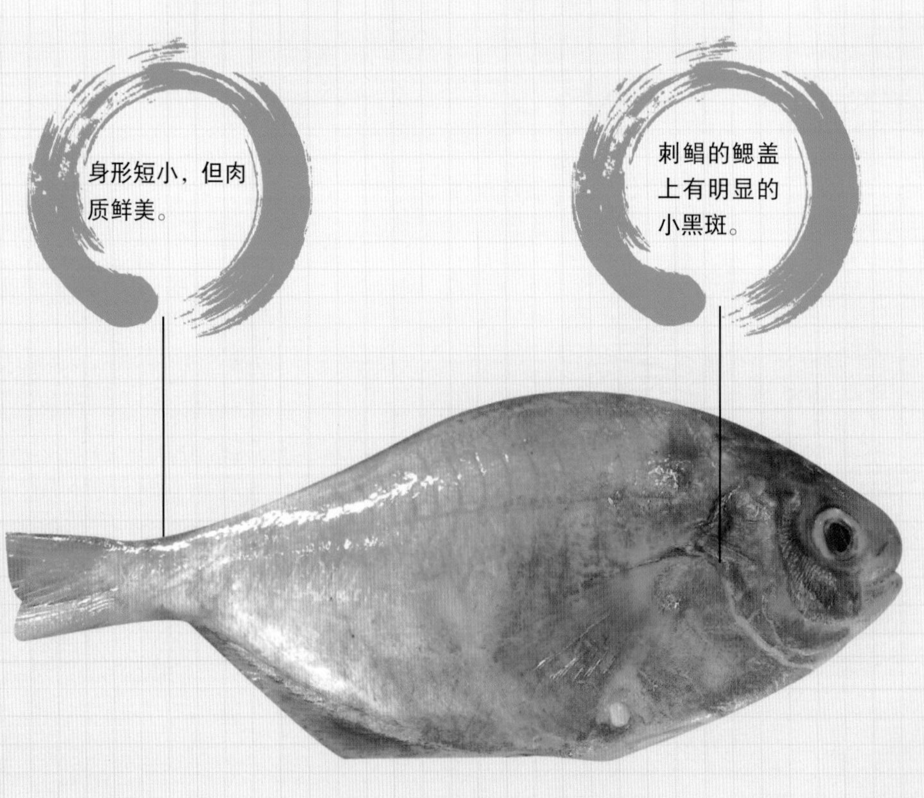

刺鲳是家庭常吃的鱼类，它又称为肉鲫鱼、肉鱼或肉鲫仔。味美价廉，几乎全年都可以吃得到，年初和年末是刺鲳最肥美的时节。刺鲳通常在沙质海域活动，所以较常见于东部及南部海域。

刺鲳含有丰富的蛋白质、钙和铁质等营养，肉质带有甜度，而且带有大海咸鲜的风味。最常见的料理方法是抹盐于鱼身，干煎至焦脆，这种简单的料理方法就可做出一道美味的佳肴。

刺鲳的外观像缩小版的白鲳，肉质也和其相似，钾含量同样很高，但是对身体有危害的钠含量却低于白鲳。这样的好鱼价格却比白鲳便宜许多，所以深受人们喜爱。它肉质软嫩且刺少，很适合老人和小孩食用。

▸▸ 盛产季节 2～4 月和 8～12 月

1 2 3 4 5 6 7 8 9 10 11 12

▸▸ 盛产地区

分布于西太平洋地区。

▸▸ 建议料理方式

煲 煎 烤 炸 烧 拌 炒 生 蒸

▸▸ 大厨料理

香烤紫苏刺鲳、番茄罗勒刺鲳

料理常识

Q 在煎刺鲳时，翻面时常会使鱼皮破烂，如何才能煎出色、香、味俱全的刺鲳呢？

A 想要避免鱼肉破烂，可以使用热锅少油煎制的方法。鱼身上的水会让鱼皮粘在锅上，所以将鱼身擦干以后慢慢地滑入锅内，转中火并且不要翻动鱼肉。煎鱼时，等到一面煎熟后再翻面，就可以煎出完整的刺鲳了。

香烤紫苏刺鲳

材料 Ingredients

刺鲳（两条）	**120** 克
紫苏叶	两片
金橘	**1** 个
七味粉	**3** 克

盐	适量
橄榄油	**15** 毫升
白酒	**20** 毫升

1. 将刺鲳去除内脏，清洗后在鱼肉上划刀。
2. 撒上盐、七味粉，将紫苏叶包在鱼肉上。
3. 准备烤盘，把包好的鱼放入烤盘，淋上白酒、橄榄油。
4. 以 **180**℃烤约 **20** 分钟。
5. 将金橘切片，放置一旁装饰即可（也可用小番茄切片装饰，可增添摆盘美观）。

番茄罗勒刺鲳

材料 Ingredients

刺鲳（两条）	120 克
番茄	80 克
大蒜	5 克
罗勒叶	3 片
盐	适量
黑胡椒碎	适量
橄榄油	80 毫升

烹饪程序 Procedure

1. 将刺鲳去内脏，清洗后在鱼肉上划刀，撒上盐、黑胡椒碎备用。
2. 番茄去皮，切丁；大蒜切碎；罗勒叶切丝，加入盐、黑胡椒碎和50 毫升的橄榄油拌匀制成酱料。
3. 锅内放入剩余橄榄油，放入刺鲳用中火将两面煎上色。
4. 将酱料淋在刺鲳上即可。

吴郭鱼

家常料理　盛产鲜鱼

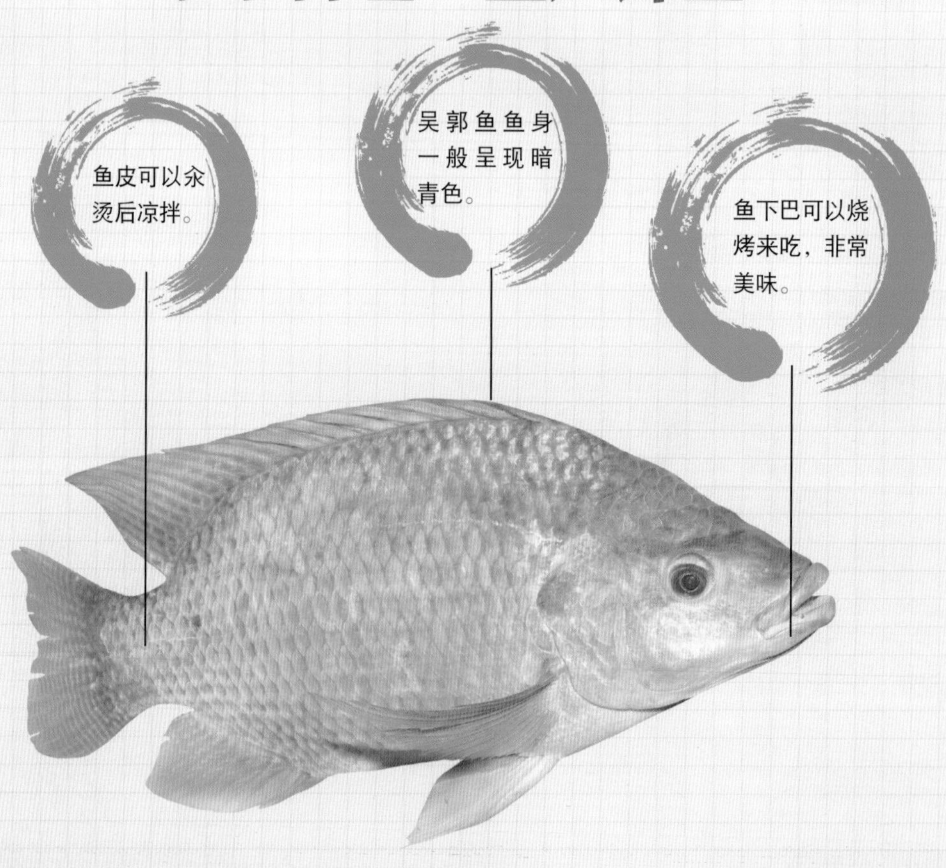

鱼皮可以汆烫后凉拌。
吴郭鱼鱼身一般呈现暗青色。
鱼下巴可以烧烤来吃，非常美味。

吴郭鱼是由吴振辉及郭启彰两位先生从新加坡引进到中国的，为了纪念他们两位，所以将此鱼命名为吴郭鱼。吴郭鱼又称为罗非鱼，生活在淡水中，有非常强的适应能力，甚至在水稻中也可以生长。属于杂食性的吴郭鱼很容易饲养，因此成为养殖业很重要的养殖鱼种，被誉为未来动物性蛋白的主要来源之一。

吴郭鱼含有较高含量的钾和铁，可以改善贫血，因为它属于高嘌呤的鱼种，所以痛风患者最好少食用。吴郭鱼最适合的料理方式是干煎和红烧，土味不重的吴郭鱼也适合清蒸，土味稍重的吴郭鱼加点米酒再烹煮会比较可口。

▶▶ 盛产季节 3～6 月

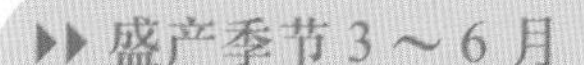

1 2 3 4 5 6 7 8 9 10 11 12

▶▶ 盛产地区

原产于非洲，后来传入中国。

▶▶ 建议料理方式

煲 煎 烤 炸 烧 拌 炒 生 蒸

▶▶ 大厨料理

红烧吴郭鱼、烧烤香料吴郭鱼

料理常识

Q 雄性吴郭鱼比较抢手？

A 雄性吴郭鱼的体形比雌性吴郭鱼要大上 1.5 倍，成长的速度也较快，因此养殖的吴郭鱼都以雄鱼为主。在 20 世纪 70 年代，人们发现雌尼罗吴郭鱼与雄欧利亚吴郭鱼杂交，产下的全部都是雄吴郭鱼，便引用了此方法，吴郭鱼养殖业迈入巅峰。

红烧吴郭鱼

材料 Ingredients

吴郭鱼	600 克	韩国辣椒粉	15 克
红辣椒	15 克	糖	20 克
青葱	15 克	水	240 毫升
大蒜	15 克	食用油	30 毫升
酱油	60 毫升	盐	少许
日本味淋	15 毫升		

1. 将吴郭鱼去鳞和内脏后划刀，撒上少许盐，腌渍 **20** 分钟。
2. 将红辣椒、青葱、大蒜略切粗碎备用。
3. 锅内加入食用油，用中火煎吴郭鱼至两面上色。
4. 放入步骤 **2** 的辛香料炒香，再加入日本味淋、糖、酱油、韩国辣椒粉和水煮至收干即可。

TIPS

吴郭鱼不粘锅方法

1. 热锅放油，并将鱼身的水擦干。

2. 鱼身蘸一点儿薄粉（马铃薯粉、面粉）再煎。

3. 在鱼身上抹盐。

BY HONOR B
your options. The Magev
just like we are; and th
fused, just like we d
a little. So we're
shoves and see if
"I see," said
have in
Metadi lo
tank, and

烧烤香料吴郭鱼

材料 Ingredients

材料	用量	材料	用量
吴郭鱼	600 克	辣椒酱	15 克
百里香	3 克	麻油	15 毫升
洋葱	15 克	白芝麻	5 克
大蒜	15 克	盐	少许
酱油	30 毫升	白胡椒粉	少许
糖	20 克		

烹饪程序 Procedure

1. 将吴郭鱼去鳞和内脏后划刀，撒上少许盐、白胡椒粉和百里香，腌渍 20 分钟。
2. 将洋葱、大蒜切成泥状，和酱油、糖、辣椒酱、麻油及白芝麻拌成酱汁。
3. 准备烤盘，将吴郭鱼置于烤盘上，再将制好的酱汁淋在鱼身上。
4. 将鱼放入烤箱，以 200℃烤 20~25 分钟即可。

真鲷

秋季进补　营养好鱼

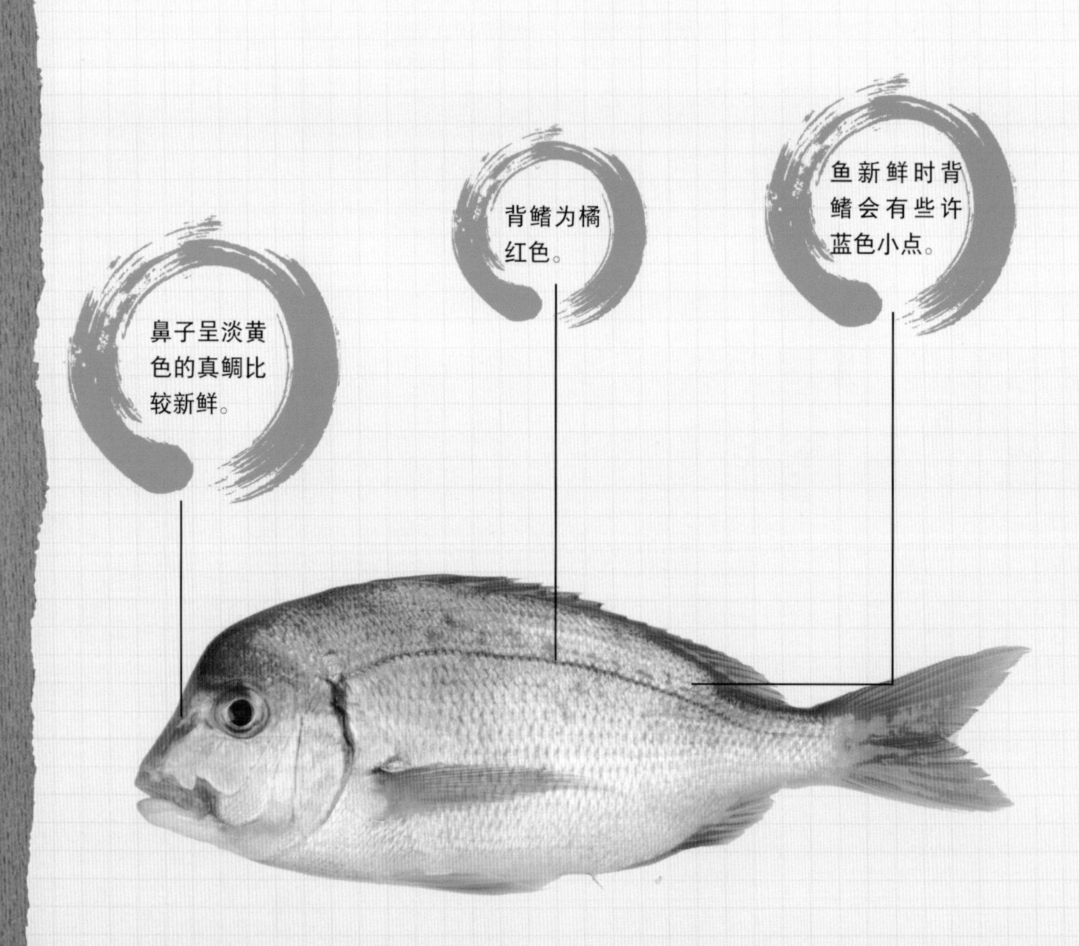

鼻子呈淡黄色的真鲷比较新鲜。
背鳍为橘红色。
鱼新鲜时背鳍会有些许蓝色小点。

真鲷又称为红鲷、赤鲫或小红鳞，一般体长为20~30厘米，一直被人们视为珍品。但是真鲷在市场上价格十分昂贵，所以逐渐发展了人工养殖技术。

因为真鲷鱼体鲜红，带有吉祥如意的好兆头，因此逢年过节会以此鱼请客以示吉祥。真鲷因为肉质细致而且刺少，所以很适合老人及儿童食用，产妇食用还能够通畅乳汁，改善气虚。

真鲷撒上薄盐干煎烹调，就能烹出鱼肉自然的鲜甜，烘烤料理也很适合。特别要注意的是烹制时间不宜过久，否则肉质会变得干涩，鱼肉的鲜美汁液也会流失。

▶▶ 盛产季节 5～8月和10～12月份

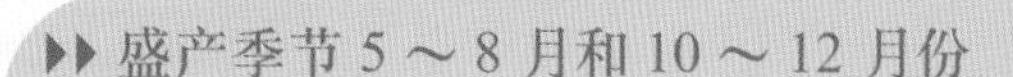

▶▶ 盛产地区

分布于日本、菲律宾和我国近海。

▶▶ 建议料理方式

煲 煎 烤 炸 烧 拌 炒 生 蒸

▶▶ 大厨料理

黑胡椒煎真鲷、烤真鲷

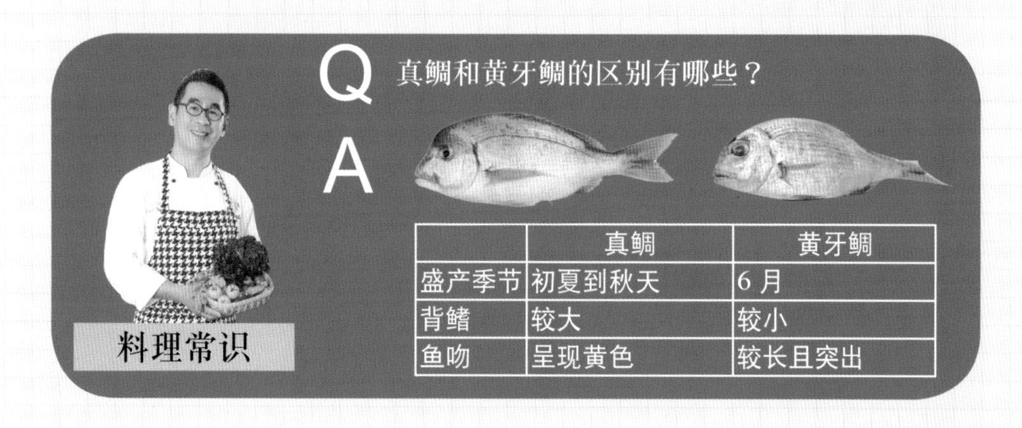

	真鲷	黄牙鲷
盛产季节	初夏到秋天	6月
背鳍	较大	较小
鱼吻	呈现黄色	较长且突出

黑胡椒煎真鲷

材料 Ingredients

真鲷	250 克	食用油	30 毫升
牛至	3 克	盐	适量
柠檬	1/2 个	黑胡椒粉	适量

1. 将真鲷去鳞和内脏，洗净，鱼身涂抹盐和黑胡椒粉备用。
2. 将牛至切碎，放入真鲷鱼肚内。
3. 煎锅内放入食用油，以中火煎真鲷至两面上色即可。
4. 将煎好的鱼盛盘，并用切好的柠檬片装饰一旁即可。

HOTEL

烤真鲷

真鲷	**250** 克
迷迭香	**3** 克
柑橘	**30** 克
小番茄	**50** 克
洋葱	**60** 克
橄榄油	**30** 毫升
盐	适量
白胡椒粉	适量
白酒	**20** 毫升

1. 将真鲷去鳞和内脏后洗净，在鱼肉上划刀，撒上盐及白胡椒粉后备用。
2. 将洋葱切丝，放在烤盘上，再将准备好的真鲷放上。
3. 将柑橘、迷迭香放入真鲷肚里。
4. 小番茄放在真鲷旁，鱼身淋上白酒及橄榄油。
5. 放入烤箱以 **180**℃烤约 **25** 分钟即可盛盘。

虱目鱼

鱼鲜肉细　早餐首选

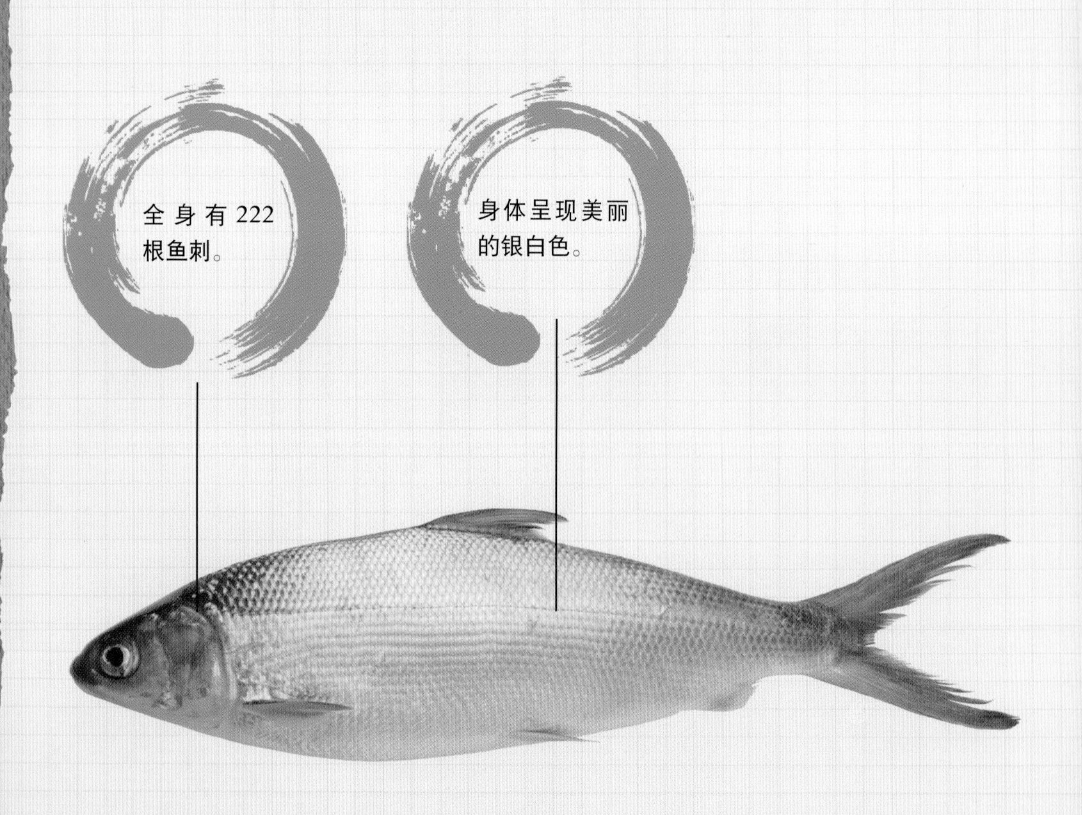

全身有222根鱼刺。
身体呈现美丽的银白色。

虱目鱼又称为牛奶鱼、安平鱼，体长一般在50厘米以下。虱目鱼最具代表性的特点就是全身银白色的鳞片以及数量惊人的222根鱼刺，食用虽然麻烦，但仍然深受许多食客青睐。现在的海鲜加工厂已经有先进的技术可以完全剔除鱼刺，这使得虱目鱼成为了市场上备受追捧的商品。

虱目鱼含有维生素B_2、烟酸、镁、铁和锌等，多吃虱目鱼可以保护皮肤黏膜，增强免疫功能。烟酸还能让消化系统正常运作，并且促进血液循环。皮肤干涩或是体虚的人，多食用虱目鱼对身体有益处。不过虱目鱼的脂肪含量相当高，而且是属于含嘌呤较高的鱼类，痛风患者食用要少食。

▶▶ 盛产季节 6～11 月

6 7 8 9 10 11 12

▶▶ 盛产地区

分布于亚热带与热带的海域，西太平洋与印度洋都有踪迹，我国则产于南海和东海南部。

▶▶ 建议料理方式

煲 煎 烤 炸 烧 拌 炒 生 蒸

▶▶ 大厨料理

芋头虱目鱼酸汤、姜味豆豉虱目鱼

Q 如何料理虱目鱼？

A 虱目鱼料理方法多样，煮汤、煮粥或干煎都很适合。一碗热腾腾的虱目鱼粥是台南人每天必吃的早餐。深水的虱目鱼肉质较软；浅水的虱目鱼肉质则较结实。养殖的虱目鱼会因为鱼群密度过高，造成排泄物过多而有土味。

芋头虱目鱼酸汤

材料 Ingredients

虱目鱼	120 克
芋头	80 克
大蒜	20 克
洋葱	20 克
酸角豆	120 克

虾酱	30 克
水	500 毫升
食用油	60 毫升
盐	适量

烹饪程序 Procedure

1. 将虱目鱼去头、尾、鳞和内脏，切成宽约 5 厘米的块状备用。
2. 将芋头去皮，切成四方大丁备用。
3. 将大蒜和洋葱切碎备用。
4. 准备一碗水和酸角豆混合，用手抓几次再过滤成酸角汁备用。
5. 锅内放入一半的食用油，以中火把虱目鱼块煎上色。
6. 准备一个锅放入另一半的食用油，炒香大蒜洋葱碎，再加入虾酱炒均匀。
7. 将酸角汁加入锅内，煮开放入芋头后慢火煮至熟烂。
8. 放入煎好的虱目鱼块煮至熟烂，再加入少许盐调味即可盛盘。

姜味豆豉虱目鱼

材料 Ingredients

虱目鱼肚	160 克
洋葱	30 克
大蒜	15 克
姜	10 克
豆豉	30 克
白醋	60 毫升
酱油	25 毫升
鱼露	20 毫升
水	200 毫升
食用油	35 毫升

烹饪程序 Procedure

1. 将虱目鱼肚洗净后擦干水分备用。
2. 洋葱、大蒜和姜切成碎块。
3. 将豆豉泡水后切碎。
4. 取一半油煎虱目鱼肚，煎至两面上色即可。
5. 另一半油放入锅内炒香步骤 2 的材料，再放入豆豉、酱油、白醋、鱼露和水煮开。
6. 放入虱目鱼肚，炖至入味即可盛盘。

金线鱼

味美价廉　补气养身

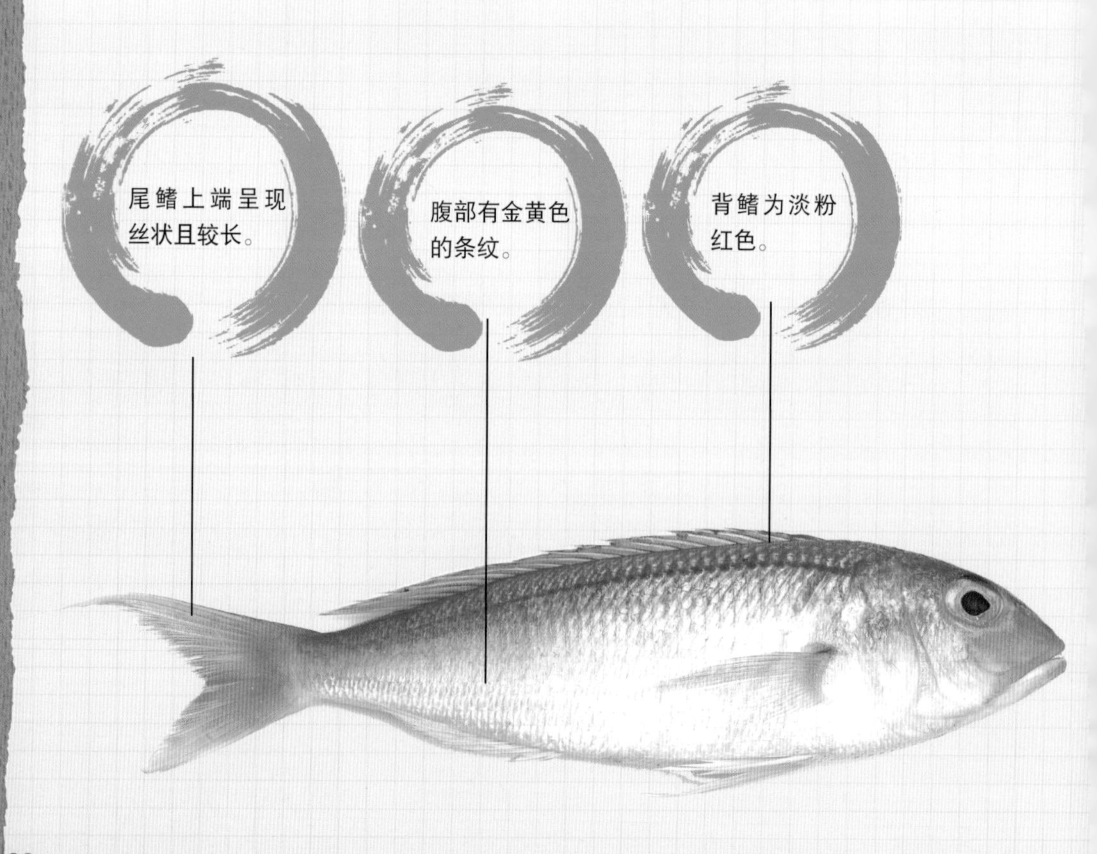

尾鳍上端呈现丝状且较长。
腹部有金黄色的条纹。
背鳍为淡粉红色。

金线鱼又称为金线鲢、红衫或黄线，是比较大众的食用鱼，鱼身最长可达40厘米。金线鱼最容易和其他鱼种区别的特征，就是有6条明显的黄色纵带。如果市面上的金线鱼价格低于市价二三成，可能就要留意其是不是新鲜的金线鱼。

新鲜的金线鱼呈现淡粉红色，就连鳃也会呈现红色，如果鱼体开始泛白、鱼鳞脱落，代表鱼已经不新鲜了。金线鱼有很好的食疗功效，可以让气弱无力的人恢复元气，还可以改善咳嗽、胃痛等症状。

用金线鱼煮汤或清蒸可能无法充分品尝到金线鱼的味道，高度新鲜的金线鱼可以制作成生鱼片。最常见的料理方式是干煎，只要在鱼身上划刀，用薄盐涂抹于全身，静置几分钟后用油煎，就会很好吃。

▶▶ 盛产季节 4～7 月

1 2 3 4 5 6 7 8 9 10 11 12

▶▶ 盛产地区

分布于西太平洋、印度尼西亚东部，我国则产于南海、东海和黄海南部，以南海产量最多。

▶▶ 建议料理方式

煲 煎 烤 炸 烧 拌 炒 生 蒸

▶▶ 大厨料理

干煎香草金线鱼、辛香梅果金线鱼

料理常识

Q 如何辨别甲醛金线鱼？

A 鱼市场有些不法的商人会将金线鱼用甲醛防腐，以延长其保存期限。但是如果吸入高浓度的甲醛，可能会让食用者呼吸道水肿甚至引发哮喘，而皮肤直接接触会引起皮肤炎甚至皮肤坏死；经常吸入甲醛，可能会导致慢性中毒。分辨金线鱼是否加甲醛的方法是闻闻是否有异味，而且在煎金线鱼时，如果皮肉很快分离，所加甲醛的含量就很高。

干煎香草金线鱼

金线鱼	350 克
牛至	5 克
盐	适量
白胡椒粉	适量
橄榄油	30 毫升

1. 将金线鱼去鳞和内脏，洗净后划刀备用。
2. 将盐、白胡椒粉和牛至混合撒在鱼肉上。
3. 锅内加入橄榄油，以中火将金线鱼煎至两面呈金黄色即可盛盘。

YOUNG'S
TOWN

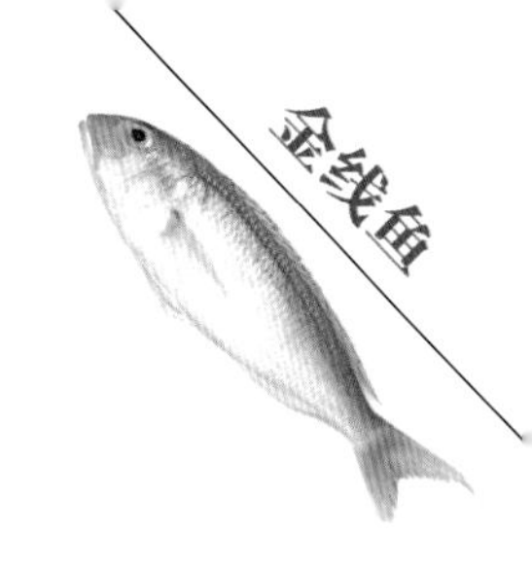

辛香梅果金线鱼

材料 Ingredients

材料	用量
金线鱼	350 克
梅脯	20 克
面包糠	100 克
姜	15 克
红辣椒粉	15 克
青葱	10 克
大蒜	5 克
盐	适量
白胡椒粉	适量
橄榄油	50 毫升

烹饪程序 Procedure

1. 将金线鱼去鳞和内脏后洗净划刀，撒上盐和白胡椒粉备用。
2. 梅脯去果核，与姜、青葱和大蒜一起切成碎末。
3. 将切好的材料、红辣椒粉、面包糠和橄榄油 20 毫升拌在一起。
4. 锅中放入剩下的橄榄油，以中火煎处理好的金线鱼至两面呈金黄色。
5. 把步骤 3 的材料铺在鱼上，放入烤箱，用 180℃烤约 12 分钟，即可盛盘。

多春鱼

丰富鱼子　鲜香可口

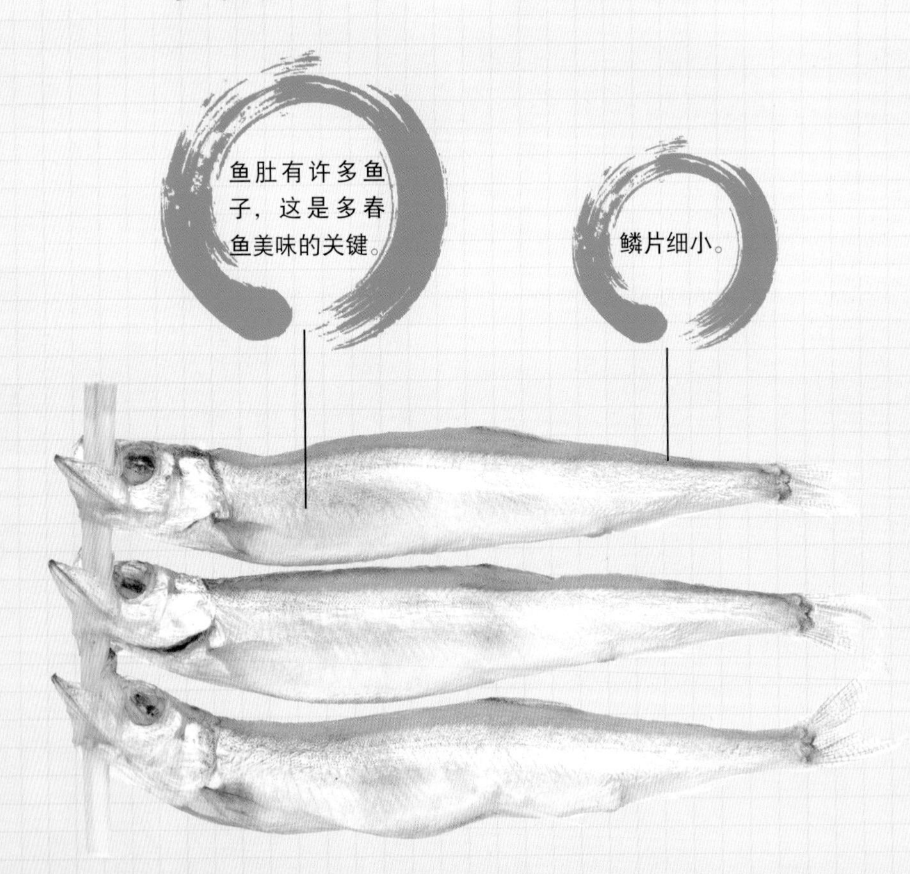

鱼肚有许多鱼子，这是多春鱼美味的关键。
鳞片细小。

多春鱼又称为喜相逢或柳叶鱼，原产于日本北海道，但是因为数量极少，所以我们食用的大多是挪威进口的毛鳞鱼，与真正的日本北海道多春鱼还是不同。最容易分辨的方式是，毛鳞鱼的鳞片较多春鱼小。

多春鱼不但肉质特别嫩滑，而且味道十分鲜美。多春鱼营养价值非常高，其所含的微量元素、矿物质盐、蛋白质等，可以对经常食用的人起到亮发、健脑、益肝健脾、润肠、养颜护肤等效果。

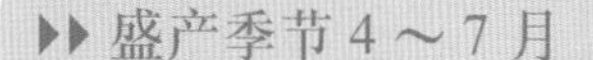

1 2 3 4 5 6 7 8 9 10 11 12

▶▶ 盛产地区

主要分布于西太平洋、印度，我国南部海域盛产。

▶▶ 建议料理方式

煲 煎 烤 炸 烧 拌 炒 生 蒸

▶▶ 大厨料理

香料盐烤多春鱼、果香酱烧多春鱼

料理常识

Q 多春鱼的营养有哪些？

A 多春鱼体长大约是 15~25 厘米，公的较母的大，富含钙质、蛋白质和维生素 E，可以保护眼睛，也能强健骨骼。多春鱼最适合烧烤和酥炸，这种做法可以保持鱼体的完整，吃到鱼肚内丰富的鱼子。虽然多春鱼对幼童及妇女是很好的食物，但是因为它胆固醇很高，建议年长者、高脂血症和痛风的患者要减少食用。

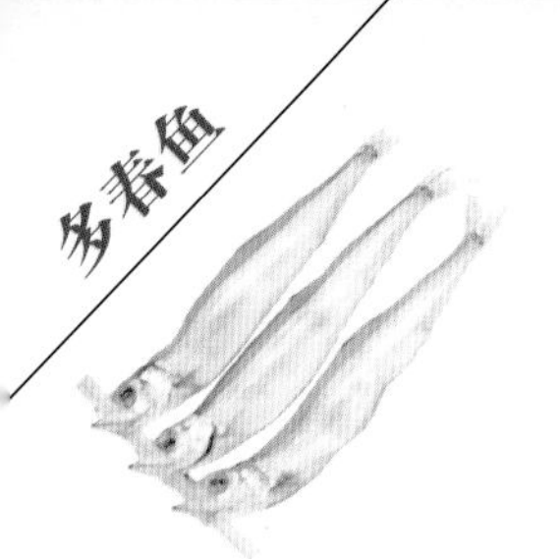

香料盐烤多春鱼

材料 Ingredients

多春鱼	**160** 克	百里香	**3** 克
柠檬	**1/2** 个	迷迭香	**3** 克
盐	**30** 克	荷兰芹	**5** 克

1. 将多春鱼洗净后擦干。
2. 将百里香、迷迭香和荷兰芹切细碎，与盐混合制成香料盐。
3. 将香料盐抹在多春鱼身和尾部，放入烤盘，入烤箱以 **180**℃烤约 **12** 分钟。
4. 盛盘后一旁摆上切好的柠檬片即可。

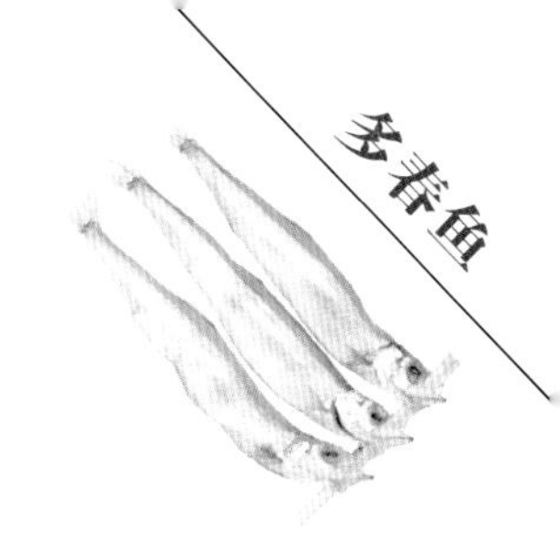

果香酱烧多春鱼

多春鱼	120 克
嫩姜	10 克
苹果泥	60 克
酱油	60 毫升
味淋	30 毫升
水	150 毫升
冰糖	20 克

1. 将多春鱼洗净后擦干水分。
2. 将多春鱼入烤箱，以 180℃烤约 12 分钟后放凉备用。
3. 将嫩姜切片，加入苹果泥、酱油、味淋、水和冰糖一起煮约 10 分钟制成酱汁。
4. 将烤好的多春鱼放入制好的酱汁中，以中火煮酱汁至收干即可。

秋刀鱼

海中银刀　人人皆爱

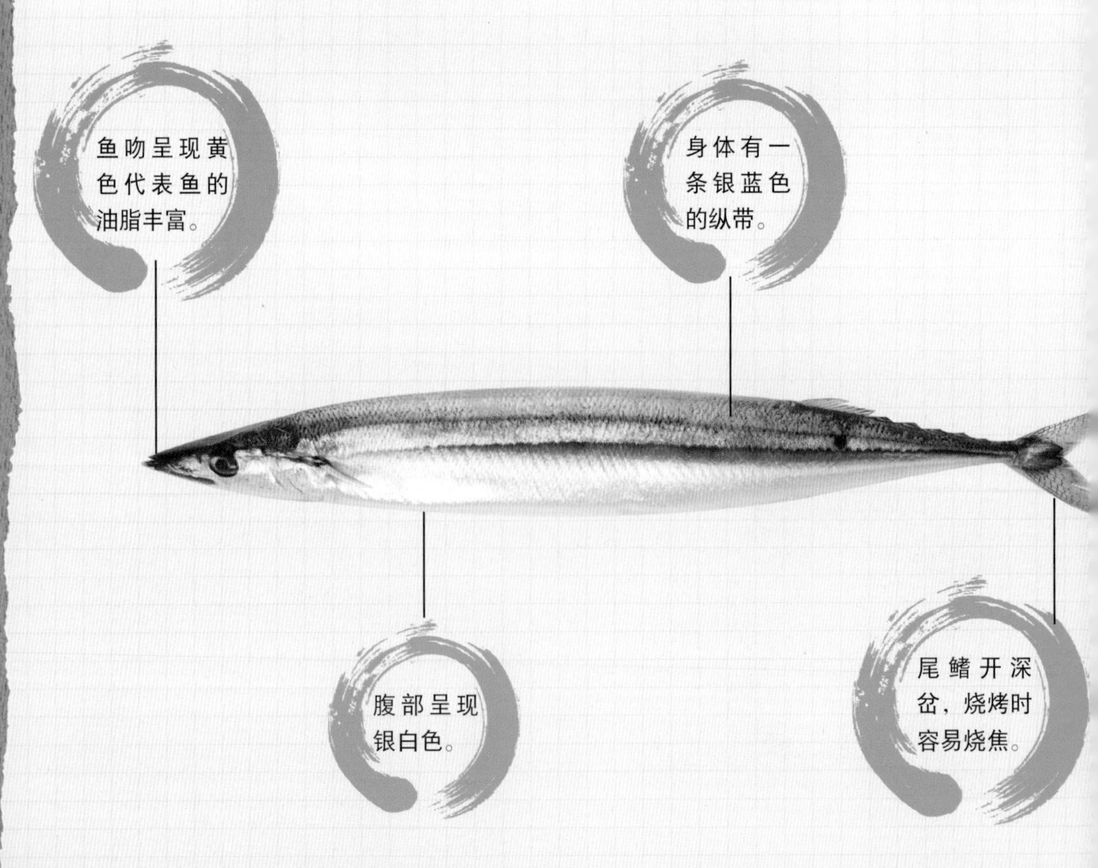

鱼吻呈现黄色代表鱼的油脂丰富。
身体有一条银蓝色的纵带。
腹部呈现银白色。
尾鳍开深岔，烧烤时容易烧焦。

秋刀鱼又称为竹刀鱼，因为体形修长如刀，而且盛产在秋季，故称为“秋刀鱼”。秋刀鱼在东南亚地区是很常见的鱼种，最适合的料理方式就是烧烤，因为它本身油脂非常丰富，所以烧烤时建议不用加油。

秋刀鱼的内脏有一股特殊的甘苦味，其富含维生素 E，可以预防高血压、阿尔茨海默病、过敏或动脉硬化等，它的 EPA 和 DHA 含量也超过了价格昂贵的鳗鱼和鲑鱼。像秋刀鱼这类的小鱼还有一个好处——因为位于食物链下游，所以很少有重金属污染的问题。

食用秋刀鱼的五大作用：

1. 增强记忆力；
2. 天然脂肪对人体毫无负担；
3. 富含的维生素 E 可抗老化；
4. 促进血液循环；
5. 蛋白质提高免疫功能。

▶▶ 盛产季节 9 ～ 11 月

1 2 3 4 5 6 7 8 9 10 11 12

▶▶ 盛产地区

分布于北太平洋及印度尼西亚东部，我国主要分布在黄海和山东东岸。

▶▶ 建议料理方式

煲 煎 烤 炸 烧 拌 炒 生 蒸

▶▶ 大厨料理

酱煮秋刀鱼、蒜酱烤秋刀

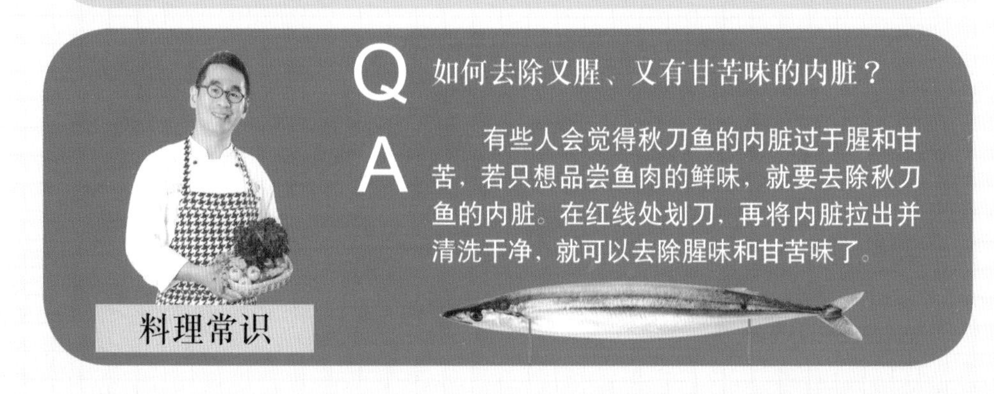

Q 如何去除又腥、又有甘苦味的内脏？

A 有些人会觉得秋刀鱼的内脏过于腥和甘苦，若只想品尝鱼肉的鲜味，就要去除秋刀鱼的内脏。在红线处划刀，再将内脏拉出并清洗干净，就可以去除腥味和甘苦味了。

料理常识

酱煮秋刀鱼

材料 Ingredients

秋刀鱼	180 克	酱油	50 毫升
干香菇	40 克	味淋	50 毫升
玉米粉	30 克	糖	10 克
柴鱼片	60 克	姜片	5 克
水	250 毫升	食用油	50 毫升

烹饪程序 Procedure

1. 将秋刀鱼洗净，去头，切成 **5** 厘米长的段，蘸玉米粉备用。
2. 将干香菇泡水后对半切开。
3. 取一只锅，放入水和柴鱼片，煮约 **10** 分钟后过滤柴鱼片留汁。
4. 把柴鱼汁、酱油、味淋、糖和姜片混合在一起煮，制成酱汁。
5. 煎锅放入食用油，以中火煎制秋刀鱼，煎至呈金黄色。
6. 把切好的香菇放入酱汁里煮，再放入煎好的秋刀鱼。
7. 煮至香菇和秋刀鱼熟透即可盛盘。

TIPS

Tips1：柴鱼粉代替柴鱼片

买不到柴鱼片，可以用柴鱼粉代替，味道一样，只是过滤时要注意将残渣过滤干净。

Tips2：秋刀鱼定型方法

将秋刀鱼放入酱汁里之前，先煎好，这样就可以定型，如果没有煎定型就下锅煮，会使鱼肉散开。

蒜酱烤秋刀

秋刀鱼	180 克	辣椒汁	10 毫升
大蒜	40 克	七味粉	5 克
锡箔纸	1 片	黑胡椒粉	适量
酱油	50 毫升		

1. 将秋刀鱼洗净后划刀，鱼尾用锡箔纸包好。
2. 将大蒜切细末备用。
3. 准备一只锅，加入蒜末、酱油、辣椒汁、七味粉和黑胡椒粉，以小火煮开后制成酱汁。
4. 准备烤盘，放上秋刀鱼，再把煮过的酱汁淋在秋刀鱼上。
5. 放入烤箱，以 180℃烤约 15 分钟即可。

TIPS

烤秋刀鱼时尾巴不烧焦的小秘诀

在烤秋刀鱼前，可以用锡箔纸将鱼尾巴包起来，避免烘烤的高温将尾巴烤焦。其他需要烧烤的小鱼也可以使用这个方法。

剥皮鱼

皮厚无鳞　料理方便

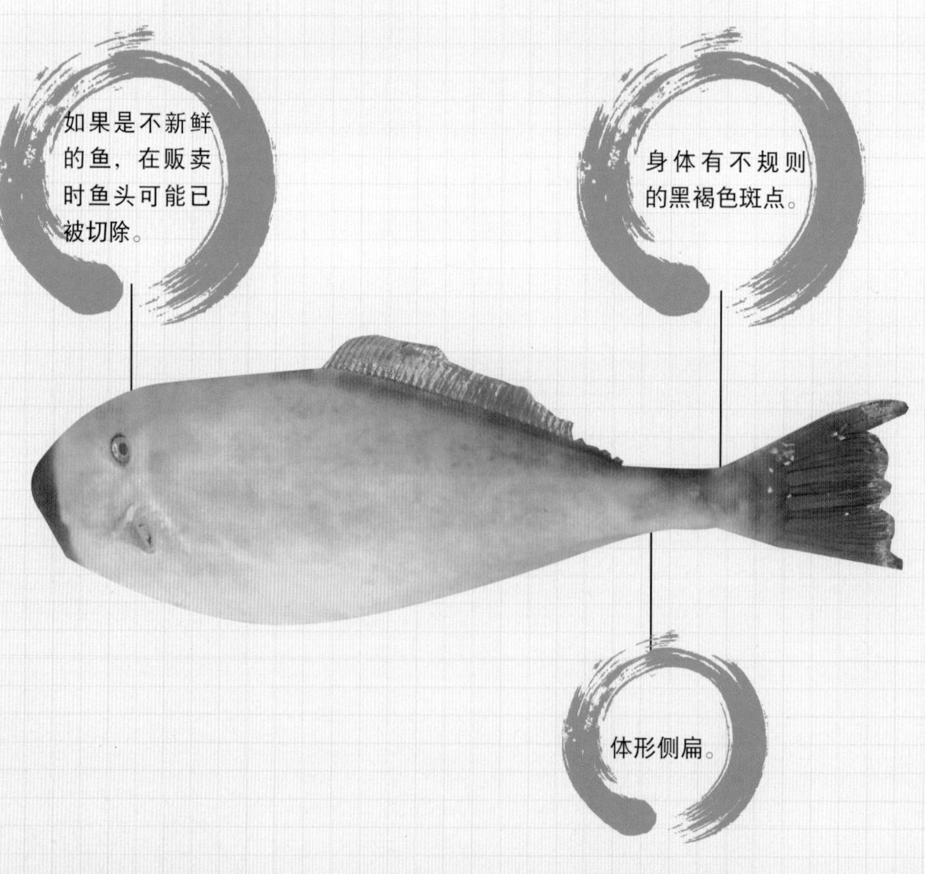

如果是不新鲜的鱼，在贩卖时鱼头可能已被切除。
身体有不规则的黑褐色斑点。
体形侧扁。

因为烹调剥皮鱼前要先去除其厚皮，所以称为“剥皮鱼”。身长 20 ～ 30 厘米，盛产于 2 月上旬至 5 月下旬。剥皮鱼的肉质在水煮之后会变得坚韧，而且旺季时数量庞大，所以一般会制成鱼干或是罐头等加工食品。新鲜的剥皮鱼肉质带甜，没有鱼鳞，可以直接下锅，很受人们的喜爱。

▶▶ 盛产季节 2 ～ 5 月

1 2 3 4 5 6 7 8 9 10 11 12

▶▶ 盛产地区

分布在热带及温带海域，我国主要分布在东海、南海、黄海、渤海地区。

▶▶ 建议料理方式

煲 煎 烤 炸 烧 拌 炒 生 蒸

▶▶ 大厨料理

香烤剥皮鱼、辣味剥皮鱼

料理常识

Q 剥皮鱼的营养有哪些？

A 剥皮鱼的营养价值很高，含有丰富的胶质、钙、磷和铁等，丰富的脂肪也能做成鱼油，很适合成人及幼儿补充营养。通常在鱼贩贩卖剥皮鱼时，会帮消费者把鱼皮去除，买回家就可以直接料理。剥皮鱼无论干煎、红烧或是搭配浓郁的酱汁都很好吃。

香烤剥皮鱼

材料 Ingredients

剥皮鱼	200 克
洋葱	15 克
大蒜	8 克
姜	8 克
柠檬	1/2 个
辣椒粉	5 克
黄姜粉	5 克
盐	适量
白胡椒粉	适量

烹饪程序 Procedure

1. 将剥皮鱼去头、去皮、去内脏后洗净，并在鱼身两面划刀。
2. 将洋葱、大蒜和姜切成泥，加入辣椒粉、黄姜粉、盐和白胡椒粉后拌匀，涂于鱼身上腌渍 1 小时。
3. 把腌渍好的鱼放在烤盘上，再放入烤箱中，以 180℃烤约 25 分钟，烤好后盛盘，鱼肉上附几片柠檬即可。

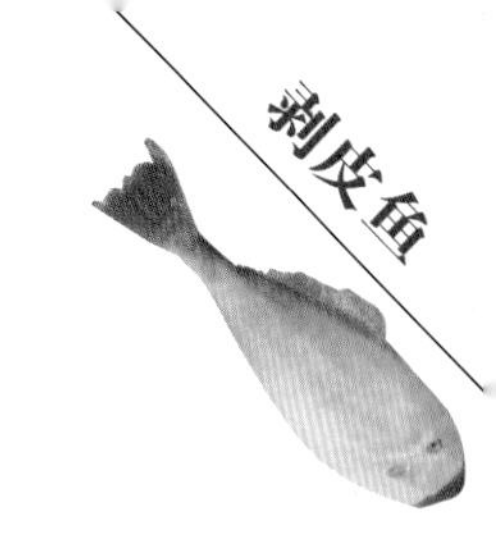

辣味剥皮鱼

剥皮鱼	200 克
洋葱	80 克
姜	5 克
红辣椒	5 克
红辣椒粉	15 克
胡椒粉	15 克

黄姜粉	10 克
白醋	15 毫升
水	200 毫升
盐	适量
食用油	20 毫升

1. 将剥皮鱼去头、去皮、去内脏后洗净，并在鱼身两面划刀。
2. 将洋葱、姜和红辣椒切碎备用。
3. 锅内加入食用油，放入切好的材料，以中火炒香。
4. 放入盐、红辣椒粉、胡椒粉、黄姜粉、白醋和水煮开制成酱汁，再放入切好的剥皮鱼。
5. 盖上盖子，煮约 10 分钟，待酱汁快收干时关火即可盛盘。

海鲕鱼

全身可食　肉弹味美

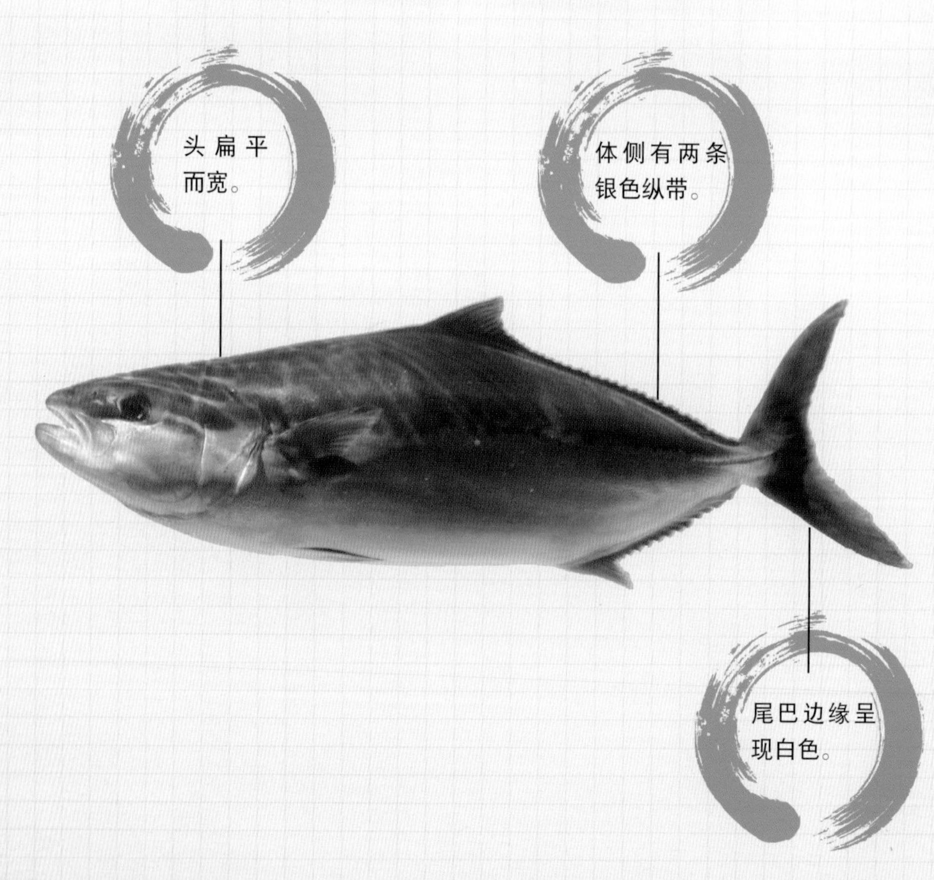

头扁平
而宽。
体侧有两条
银色纵带。
尾巴边缘呈
现白色。

海鲡鱼又称为军曹鱼、黑龙鱼或黑鲋，成年后外形和鲨鱼相似，外表不易区分雄雌性，唯独在求偶时，雌性的海鲡鱼腹部会膨大，雄性吻部会变白。海鲡鱼的肉质含有丰富的多元不饱和脂肪酸与蛋白质，DHA 及 EPA 含量也非常丰富，而且具有抗氧化功效，等同于营养补给品——鸡精。

海鲡鱼全身上下都有利用价值，适合各类料理方式。鱼头适合煮汤，添加味噌或姜丝提味就很美味；鱼下巴适合煎烤，撒一点儿胡椒盐或挤上柠檬汁就能提出鱼肉的鲜甜；也可做成生鱼片料理，直接品尝鱼肉的弹性胶质。

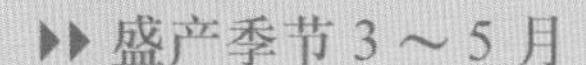

▶▶ 盛产季节 3～5 月

1 2 3 4 5 6 7 8 9 10 11 12

▶▶ 盛产地区

除了东太平洋区域以外，温带及热带海域皆有渔获。我国各地海域皆有分布，东部海域尤其多。

▶▶ 建议料理方式

煲 煎 烤 炸 烧 拌 炒 生 蒸

▶▶ 大厨料理

椒麻海鲡鱼、南洋风烤海鲡

Q 怎么辨识海鲡鱼生鱼片是否新鲜？

A 海鲡鱼是制作生鱼片常见的鱼种，口感香脆且甜。腹部的油脂相对丰富，鱼身部分的鱼肉柔软，尾巴部分的鱼肉口感较脆。切成薄片食用，即可品尝到脆脆的口感。要判断生鱼片新不新鲜，可以看鱼肉质，如果呈现的是鲜红色，就说明是新鲜的鱼肉；如果呈现暗红色，代表鱼肉放置过久。

椒麻海鲕鱼

材料 Ingredients

海鲕鱼片	180 克
什锦莴苣	50 克
鱼露	30 毫升
花椒粉	15 克

辣椒粉	20 克
白胡椒粉	10 克
辣椒油	20 毫升
青柠片	3 片

烹饪程序 Procedure

1. 将海鲕鱼片洗净后备用。
2. 将鱼露、花椒粉、辣椒粉、白胡椒粉和辣椒油混合制成酱汁。
3. 将海鲕鱼片放入制好的酱汁里腌渍 20 分钟备用。
4. 将腌好的鱼放在烤盘上，放入烤箱以 180℃烤约 20 分钟。
5. 将青柠片置于烹调好的鱼上，将什锦莴苣置于一旁装饰即可盛盘。

TIPS

利用蔬果装饰料理的“色”

为了增添料理的“色”，可利用一些形状较小的蔬果来摆盘，如小番茄（西式料理多会烤过后再摆盘），或切一些柠檬片及香草来丰富料理。这样在家就可以制作出像五星级饭店一样的顶尖料理。

off the link and sagged back in
seat. She gazed

南洋风烤海鲕

海鲕鱼片	180 克
香茅	20 克
柠檬叶	2 片
柠檬	1/2 个

酱油	30 毫升
鱼露	30 毫升
糖	10 克

1. 将海鲕鱼片洗净后备用。
2. 将香茅、柠檬叶切碎，和酱油、鱼露及糖一起拌成酱汁备用。
3. 把海鲕鱼片放在制好的酱汁里腌渍约 20 分钟备用。
4. 把腌好的海鲕片放在烤盘上，放入烤箱以 180℃烤约 20 分钟。
5. 盛盘后在一旁摆上柠檬片装饰即可。

马头鱼

鲜嫩细致　适宜清蒸

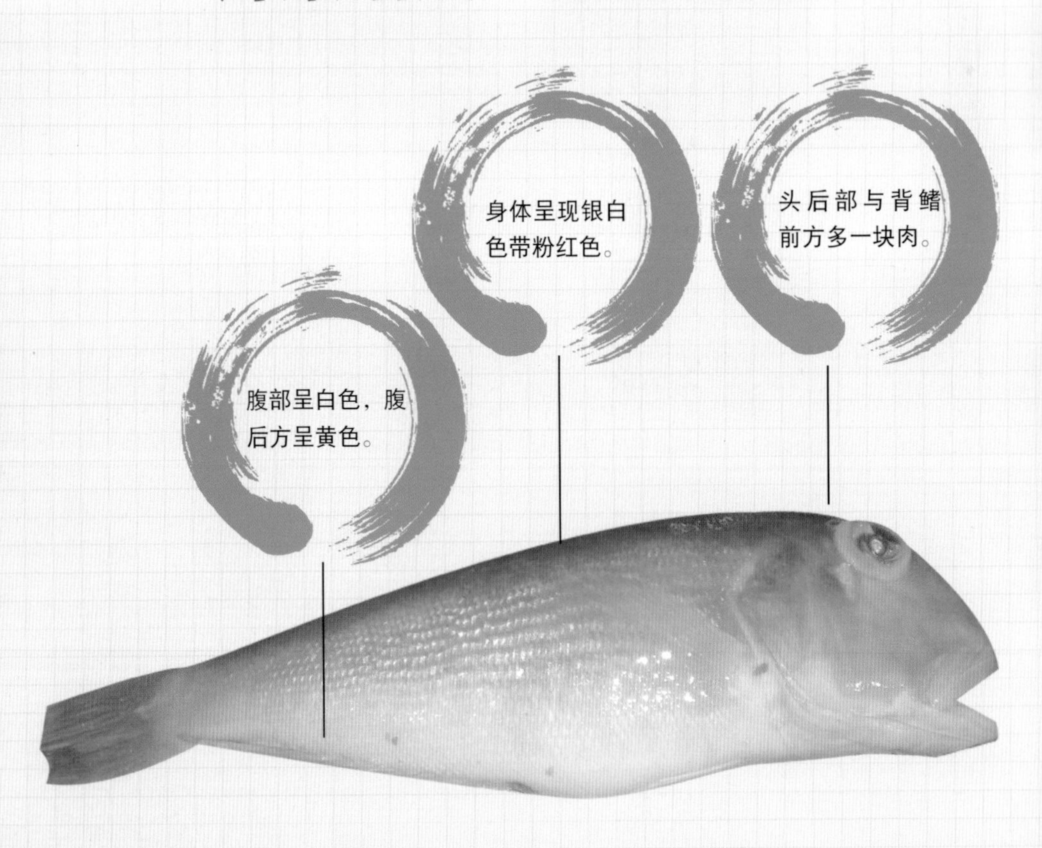

身体呈现银白色带粉红色。
头后部与背鳍前方多一块肉。
腹部呈白色，腹后方呈黄色。

马头鱼又称为方头鱼、黄马面、红马头或黄甘鲷，在我国一年四季都可以捕获，但冬季产量较少。新鲜的马头鱼鱼肉非常松软，但是时间久了肉质会逐渐变得粗而且干硬，甜味流失，所以买回来的鲜鱼最好尽快食用。

马头鱼脂肪含量少，所以肉的味道较清淡，但是鱼肉的水分很充足，连鱼皮和眼睛都有丰富的营养。鱼肉中的蛋白质含量也很高，可以软化血管、排出肠中的毒素，多食用可以恢复体力。马头鱼用来煮粥或是清蒸都很适合。

1 2 3 4 5 6 7 8 9 10 11 12

▸▸ 盛产地区

分布于西北太平洋区域，中国南海盛产。

▸▸ 建议料理方式

煲 煎 烤 炸 烧 拌 炒 生 蒸

▸▸ 大厨料理

锦菇脆瓜蒸马头鱼、南姜豆豉蒸马头鱼

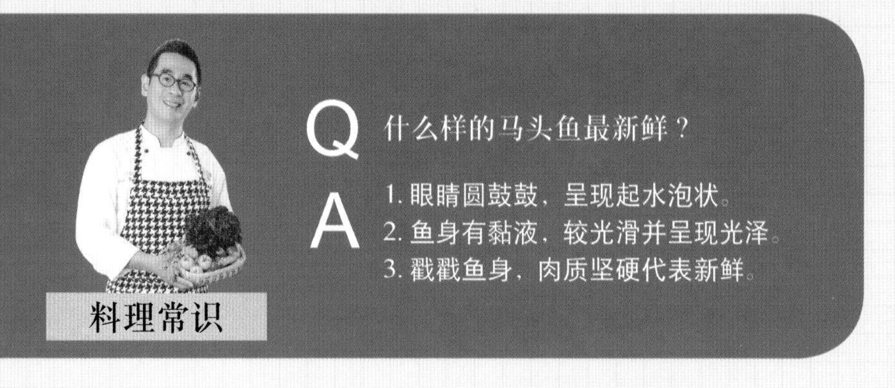

Q 什么样的马头鱼最新鲜？
A 1. 眼睛圆鼓鼓，呈现起水泡状。
2. 鱼身有黏液，较光滑并呈现光泽。
3. 戳戳鱼身，肉质坚硬代表新鲜。
料理常识

锦菇脆瓜蒸马头鱼

材料 Ingredients

马头鱼肉	120 克
香菇	20 克
金针菇	15 克
柳松菇	15 克
姜	5 克
脆瓜	5 克

红辣椒	5 克
脆瓜汁	50 毫升
水	30 毫升
香油	10 毫升
盐	少许

烹饪程序 Procedure

1. 将马头鱼肉洗净。
2. 将香菇切丝；金针菇和柳松菇切段。
3. 将姜、红辣椒和脆瓜切丝。
4. 将脆瓜汁、水、香油和盐混合成酱汁备用。
5. 把切好的菇类放在马头鱼肉上。
6. 放上步骤 3 的材料。
7. 淋上酱汁，入锅蒸约 8 分钟即可盛盘。

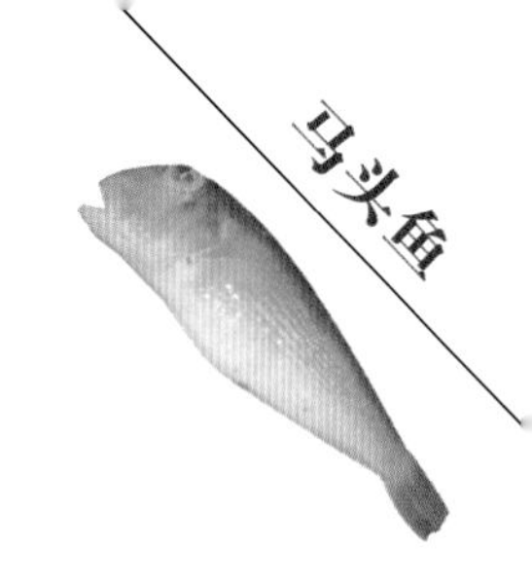

南姜豆豉蒸马头鱼

马头鱼肉	**160** 克	豆豉	**30** 克
姜	**10** 克	米酒	**50** 毫升
大蒜	**5** 克	糖	**5** 克

1. 将马头鱼肉洗净。
2. 将姜、大蒜、豆豉切碎后备用。
3. 把切好的材料和米酒、糖拌在一起，做成酱汁。
4. 将酱汁淋在马头鱼肉上。
5. 入锅蒸约 **8** 分钟即可盛盘。

黄花鱼

海中黄金　药用鱼类

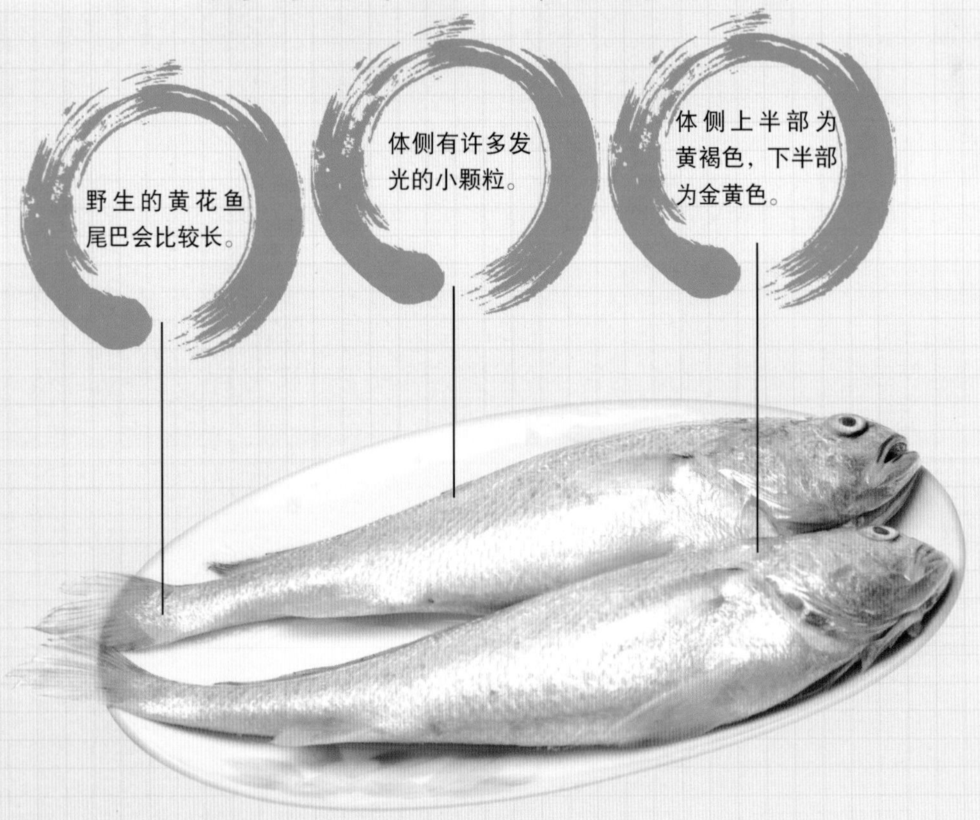

野生的黄花鱼尾巴会比较长。
体侧有许多发光的小颗粒。
体侧上半部为黄褐色，下半部为金黄色。

黄花鱼又称为黄鱼或黄瓜鱼，因鱼头中有两颗坚硬的石头，又名石首鱼。黄花鱼是我国盛产的鱼种之一，作为经济鱼类，黄花鱼一直受到消费者青睐。但因过度捕捞，资源破坏严重，黄花鱼现主要以养殖场养殖为主。

在中医理论中，黄花鱼是药用鱼类。它的鱼胶和胆有去瘀血、解毒和健脾的功效，所以过去一直是渔民眼中的黄金。如果有低血压、胃炎或是贫血的人，也可以多吃黄花鱼，它能够改善病症。黄花鱼最常见的料理方式是干煎，简单的料理方式就能吃到鱼的鲜美。

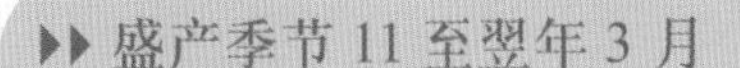

1 2 3 4 5 6 7 8 9 10 11 12

▶▶ 盛产地区

分布于西北太平洋区域，我国主要分布在南海、东海及黄海南部。

▶▶ 建议料理方式

煲 煎 烤 炸 烧 拌 炒 生 蒸

▶▶ 大厨料理

鲜杮煎黄花鱼、酸甜黄花鱼

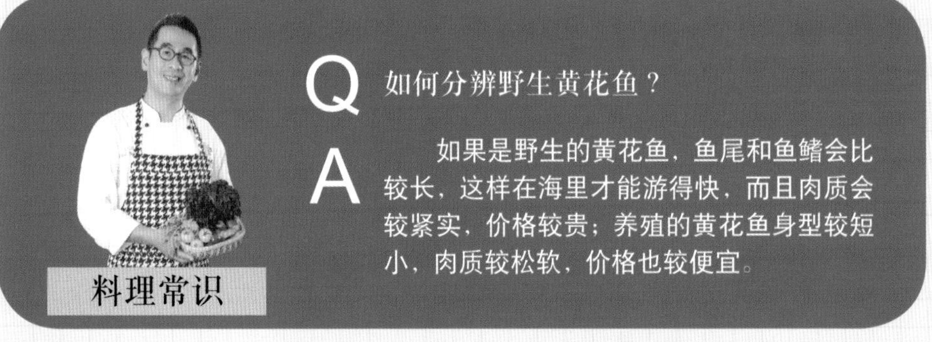

料理常识
Q 如何分辨野生黄花鱼？
A 如果是野生的黄花鱼，鱼尾和鱼鳍会比较长，这样在海里才能游得快，而且肉质会较紧实，价格较贵；养殖的黄花鱼身型较短小，肉质较松软，价格也较便宜。

鲜杧煎黄花鱼

材料 Ingredients

黄花鱼	450 克
青杧果	120 克
大蒜	10 克
虾米	15 克
红辣椒	10 克
香菜	3 克
柠檬汁	15 毫升
鱼露	20 毫升
糖	3 克
水	15 毫升
食用油	30 毫升
盐	适量
白胡椒粉	适量

烹饪程序 Procedure

1. 将黄花鱼去鳞和内脏后洗净，划刀，再抹上盐及白胡椒粉腌渍 15 分钟。
2. 将大蒜和香菜切末；虾米泡水，切碎；红辣椒去子，切丝；青杧果去皮、去核，取肉，切粗丝。
3. 将切好的材料加入柠檬汁、鱼露、糖和水腌 20 分钟。
4. 锅内加入食用油烧热，将黄花鱼放入锅中煎，以中火煎至熟透后盛盘。
5. 将步骤 3 腌好的材料放在黄花鱼上即可。

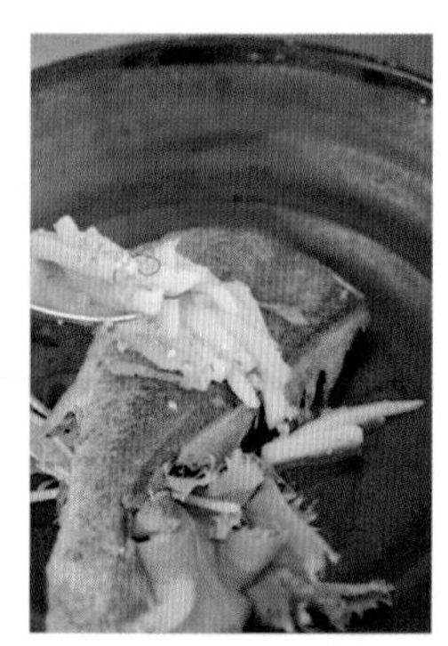

甜酸黄花鱼

材料 Ingredients

黄花鱼	450 克	红辣椒	5 克
青葱	25 克	鱼露	30 毫升
姜	15 克	糖	10 克
香菇	30 克	白醋	25 毫升
酸菜	15 克	水	80 毫升
红萝卜	10 克	玉米淀粉	10 克

烹饪程序 Procedure

1. 将黄花鱼去鳞和内脏后洗净，划刀。
2. 将青葱白切段；青葱叶、香菇、红萝卜、酸菜和红辣椒切丝；姜切片；将青葱叶和红辣椒丝泡水备用。
3. 把黄花鱼放在盘子上，鱼肚里放入切好的葱白和姜片，入锅蒸约 12 分钟。
4. 锅内放入 70 毫升的水、香菇、酸菜和红萝卜丝煮开后，加入鱼露、糖和白醋调味。
5. 将玉米淀粉和水调和均匀，放入锅内勾芡，制成酱料。
6. 将做好的酱料淋在蒸好的鱼上，最后放上青葱叶和红辣椒丝装饰即可。

旗鱼

扎实肉质　多元料理

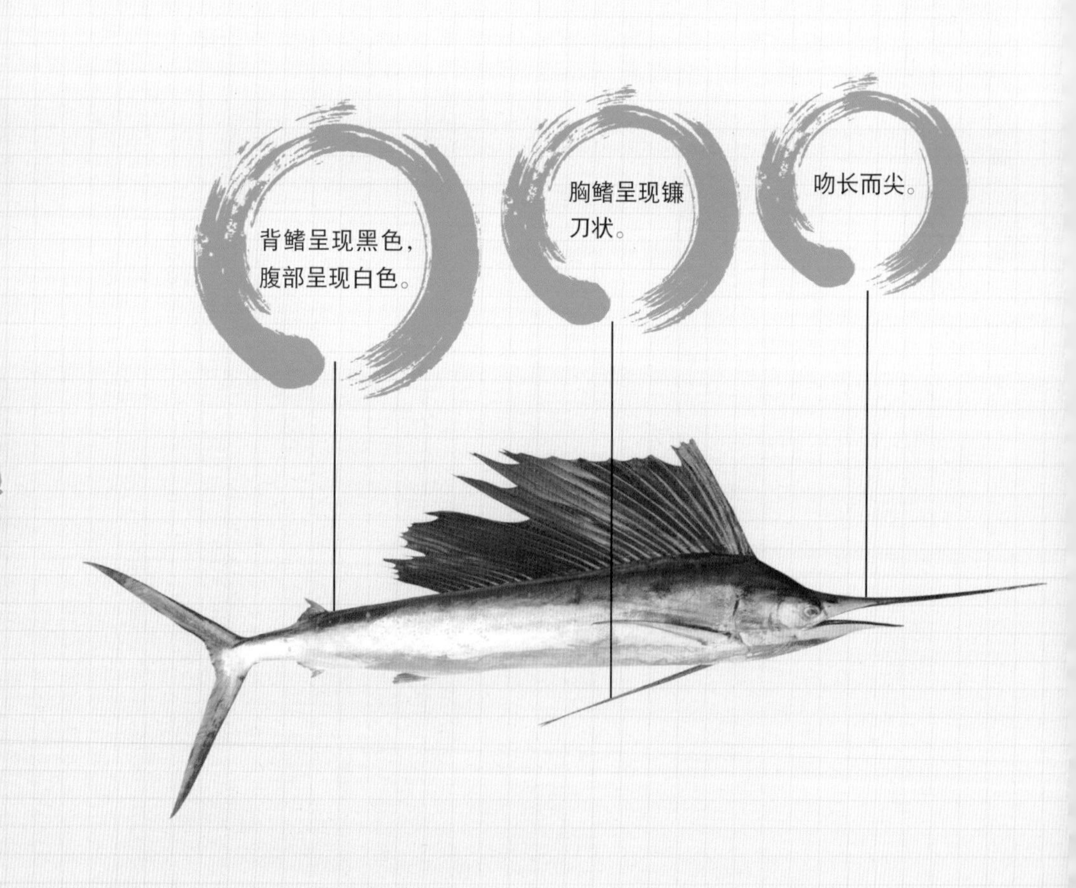
背鳍呈现黑色，
腹部呈现白色。
胸鳍呈现镰
刀状。
吻长而尖。

旗鱼肉呈红色，所以又称为红肉仔。体长最长可达 4 米，是全球重要的经济鱼种，九成以上的鱼获在太平洋海域。

旗鱼含有维生素 B_6、脂肪和蛋白质，还富含烟硷酸，食用它可以减轻肠胃不适，缓和偏头痛症状。

美味海鲜的挽歌——剑旗鱼濒临绝种

由于人类的过度捕捞、污染加上外来种入侵，剑旗鱼已经成为了旗鱼科中即将被捕捞殆尽的鱼种，因此在选购旗鱼时可以避开剑旗鱼，其他旗鱼的营养价值也很丰富。

▸▸ 盛产季节 3～4 月和 7～12 月

1 2 3 4 5 6 7 8 9 10 11 12

▸▸ 盛产地区

分布于印度洋与太平洋海域的热带海域，我国主要分布在东部、南部的海域。

▸▸ 建议料理方式

煲 煎 烤 炸 烧 拌 炒 生 蒸

▸▸ 大厨料理

烤旗鱼衬番茄和乳酪、酱烧旗鱼衬香茅

料理常识

Q 如何料理旗鱼？

A 旗鱼个头较大，通常在市场上购买到的都是旗鱼肉切片，最适合的料理方式为将鱼片抹上薄薄的盐，干煎或红烧。

fresh fish

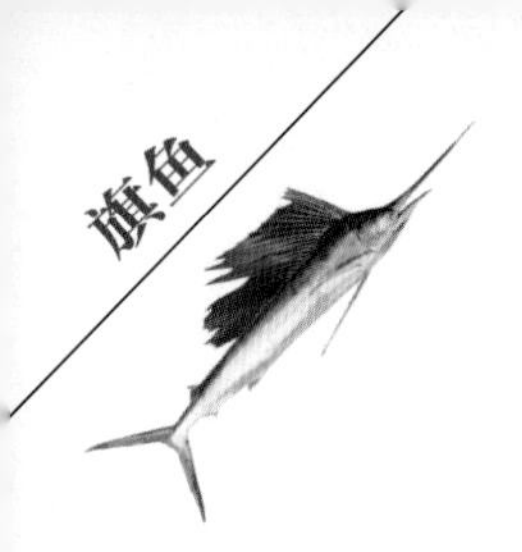

烤旗鱼衬番茄和乳酪

材料 Ingredients

旗鱼片	200 克
番茄	80 克
荷兰芹	5 克
乳酪粉	20 克

盐	适量
白胡椒粉	适量
橄榄油	20 毫升

烹饪程序 Procedure

1. 将番茄切成约 1.5 厘米厚的片备用。
2. 准备烤盘，淋上少许橄榄油，放上旗鱼片。
3. 撒上盐和白胡椒粉。
4. 将番茄排放在鱼片上，撒上乳酪粉。
5. 放入烤箱以 180℃烤约 10 分钟后盛盘。
6. 撒上荷兰芹碎，最后在盘子周围淋上少许橄榄油即可。

酱烧旗鱼衬香茅

材料	用量	材料	用量
旗鱼片	200 克	甜酱油	30 毫升
红葱头	5 克	水	200 毫升
红辣椒	10 克	酱油	20 毫升
香茅	10 克	糖	适量
嫩姜	5 克	意式陈醋	20 毫升
香菜	10 克	盐	适量
玉米淀粉	5 克	橄榄油	20 毫升

1. 将红葱头、红辣椒、香茅、嫩姜切成片；香菜切成段。
2. 取适量的水和玉米粉调和均匀备用。
3. 锅内加入橄榄油，用中火煎旗鱼，煎至两面上色后再放入切好的材料炒香。
4. 加入酱油、水、甜酱油、意式陈醋、糖及少许的盐。
5. 以中火烧至酱汁剩 1/2 时将鱼盛盘。
6. 剩下的酱汁用玉米淀粉勾薄芡后淋在鱼上即可。

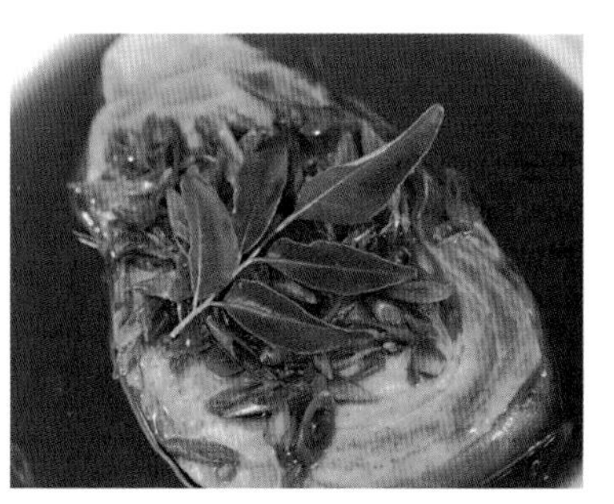

真赤鲷

小尾鲜鱼　煎烤皆宜

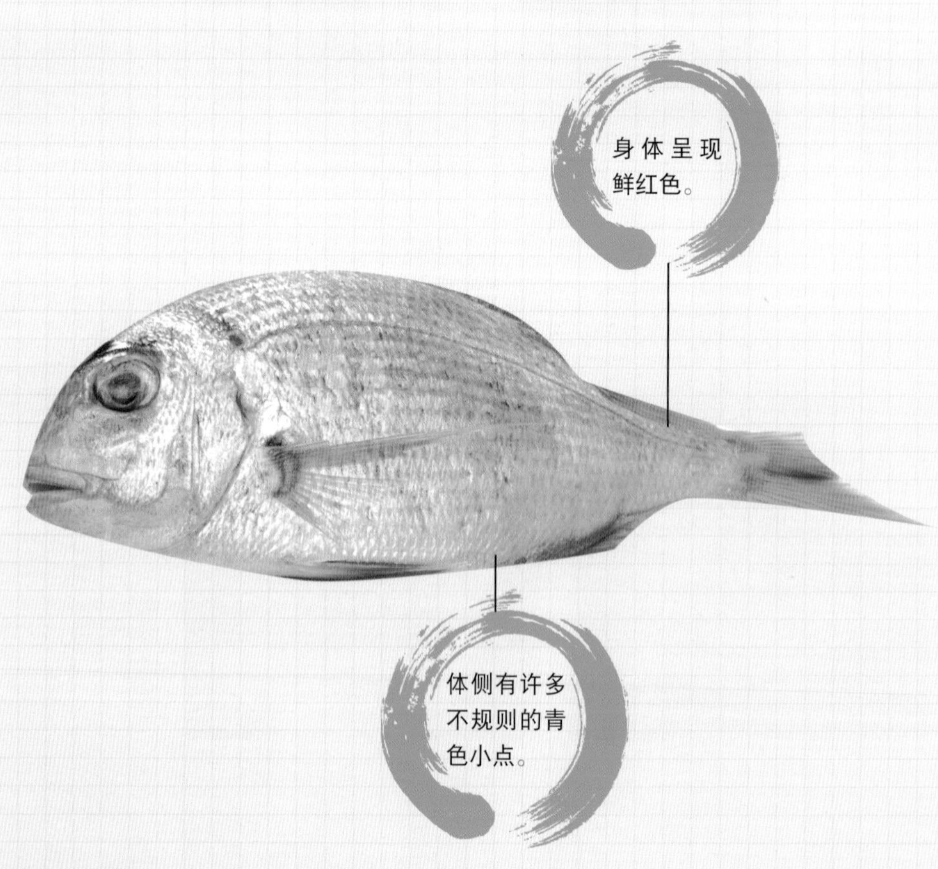

身体呈现鲜红色。
体侧有许多不规则的青色小点。

真赤鲷又称为黄牙鲷或魬鲷，属于深海鱼种，虽然全年皆有鱼获，但是冬季的渔获量较充足。真赤鲷体长通常在20~25厘米，最长可达40厘米，体重在200克的真赤鲷最好吃，肉质最为细致鲜美。

▶▶ 盛产季节 9～12 月

1 2 3 4 5 6 7 8 9 10 11 12

▶▶ 盛产地区

大多分布在日本南部、西太平洋。

▶▶ 建议料理方式

煲 煎 烤 炸 烧 拌 炒 生 蒸

▶▶ 大厨料理

烤真赤鲷衬番茄、罗勒咖喱香烤真赤鲷

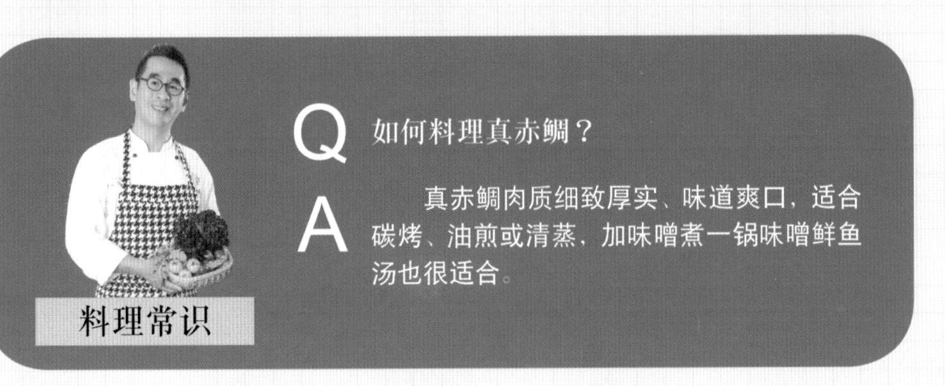

料理常识

Q 如何料理真赤鲷？

A 真赤鲷肉质细致厚实、味道爽口，适合碳烤、油煎或清蒸，加味噌煮一锅味噌鲜鱼汤也很适合。

烤真赤鲷衬番茄

材料 Ingredients

真赤鲷	120 克
小番茄	80 克
黑橄榄	30 克
香菜	5 克
罗勒	5 克

柠檬汁	30 毫升
盐	适量
黑胡椒碎	适量
橄榄油	60 毫升

烹饪程序 Procedure

1. 将真赤鲷去鱼鳞和内脏，洗净后划刀，撒上盐及黑胡椒碎。
2. 在真赤鲷上淋 30 毫升的橄榄油后放入烤箱，以 180℃烤约 15 分钟。
3. 将小番茄及黑橄榄切半；香菜及罗勒切碎。
4. 将切好的材料加入柠檬汁拌均匀，制成酱汁。
5. 将烤好的真赤鲷盛盘，淋上酱汁即可。

罗勒咖喱香烤真赤鲷

真赤鲷	120 克	奶油	30 克
大蒜	10 克	荷兰芹	5 克
青苹果	60 克	咖喱粉	30 克
番茄	60 克	小茴香	10 克
水	200 毫升	盐	适量
罗勒叶	3 克	白胡椒粉	适量

1. 将真赤鲷去鱼鳞和内脏，洗净后划刀，撒上盐和白胡椒粉腌渍 20 分钟。
2. 将大蒜、罗勒叶和荷兰芹切碎。
3. 将腌好的真赤鲷放在烤盘上，撒上切好的材料和少许奶油。
4. 放入烤箱以 180℃烤约 15 分钟。
5. 锅内放入剩下的奶油及大蒜碎炒香，加入咖喱粉、小茴香，再加入水以中小火慢煮，制成酱汁。
6. 将青苹果和番茄去皮，切小丁，放入制好的酱汁里，再加入盐、白胡椒粉调味。
7. 将煮好的酱汁淋在烤好的鱼上即可。

金枪鱼

海洋金块　生鱼美味

尾鳍呈现弯月形。
特殊的背鳍可以让金枪鱼快速地游。
中背部：鱼体的背部是油脂较少的部位，又称“刺身”。
尾部：鱼体尾腹段，味道不及中腹。
后腹部：鱼体中腹段，味道没有前腹浓郁，但是肉质鲜甜软嫩。
前腹部：鱼体前腹段，含有丰富的DHA，肉质鲜滑，入口即化。

金枪鱼又叫鲔鱼，肉色为红色，这是因为其肉中含有大量的肌红蛋白所致。金枪鱼是洄游性鱼种，运动强度大，所以身体肌肉所占比例比较高，最适合作为生鱼片食用。

金枪鱼的 DHA 和 EPA 含量为鱼类之冠，可以防止心肌梗死和血栓；含有丰富的蛋氨酸，它能够强化肝脏功能；所含的牛磺酸可以降低血液中的胆固醇，防止动脉硬化；富含的核酸可以防止人体大脑的老化；所含的钾有稳定神经与肌肉的功能。

金枪鱼最常见的料理方式是做生鱼片，也可料理成味噌汤、罐头、鱼松和熏制食品。

金枪鱼对人体有以下作用：

1. 防止动脉硬化。
2. 防止人体大脑的老化。
3. 防止心肌梗死。
4. 帮助肝脏活化。
5. 预防贫血。
6. 帮助孩童营养代谢。

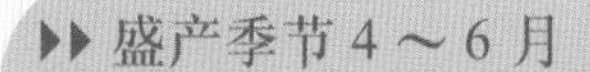

▶▶ 盛产季节 4～6 月

1 2 3 4 5 6 7 8 9 10 11 12

▶▶ 盛产地区

印度洋、大西洋和太平洋。

▶▶ 建议料理方式

煲 煎 烤 炸 烧 拌 炒 生 蒸

▶▶ 大厨料理

金枪鱼衬绿橄榄酱、黄瓜芫荽金枪鱼排

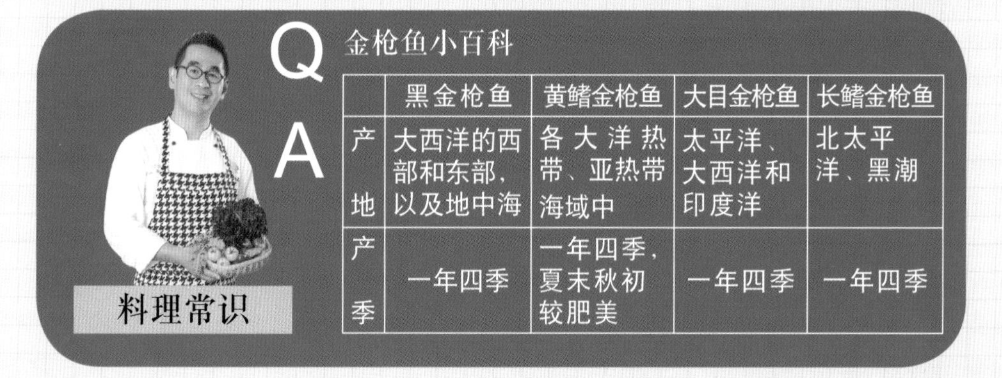

Q 金枪鱼小百科

A

	黑金枪鱼	黄鳍金枪鱼	大目金枪鱼	长鳍金枪鱼
产地	大西洋的西部和东部，以及地中海	各大洋热带、亚热带海域中	太平洋、大西洋和印度洋	北太平洋、黑潮
产季	一年四季	一年四季，夏末秋初较肥美	一年四季	一年四季

金枪鱼衬绿橄榄酱

材料 Ingredients

材料	用量
金枪鱼片	250 克
新鲜薄荷叶	30 克
红甜椒	60 克
绿橄榄	35 克
大蒜	15 克
柠檬	1 个
核桃仁	20 克
盐	适量
黑胡椒碎	适量
橄榄油	80 毫升

烹饪程序 Procedure

1. 将金枪鱼片洗净后撒上少量的橄榄油。
2. 在鱼片上放上新鲜薄荷叶，放入烤箱以 180℃烤约 15 分钟。
3. 将红甜椒和绿橄榄切成小丁状；大蒜及核桃仁切碎；柠檬挤汁备用。
4. 将步骤 3 中的材料混合盐、黑胡椒碎和少许橄榄油调成酱汁。
5. 鱼出炉后，将酱汁淋在鱼肉上即可。

TIPS

去除金枪鱼皮

金枪鱼皮很厚实，入口不好嚼，建议在烹煮前去除，这样料理起来更美味。

黄瓜芫荽金枪鱼排

材料	用量
金枪鱼片	250 克
小黄瓜	80 克
香菜（芫荽）	50 克
紫洋葱	30 克
红小番茄	20 克
黄小番茄	20 克
薄荷叶	3 克
白酒	30 毫升
盐	适量
白胡椒粉	适量
橄榄油	80 毫升
柠檬汁	30 毫升

1. 将金枪鱼片洗净后备用。
2. 将小黄瓜去籽、去皮，捣碎成泥；香菜切成细碎，加盐、白胡椒粉、柠檬汁和适量橄榄油混合均匀，制成酱汁。
3. 金枪鱼片撒盐、白胡椒粉和白酒，入锅蒸约 6 分钟，将制好的酱汁淋在鱼肉上。
4. 紫洋葱切薄圈；红小番茄、黄小番茄切片；薄荷叶切碎，全部放入碗里，加盐、白胡椒粉和橄榄油拌均匀，放在鱼肉上，即可盛盘。

三文鱼

肉质紧实　料理方便

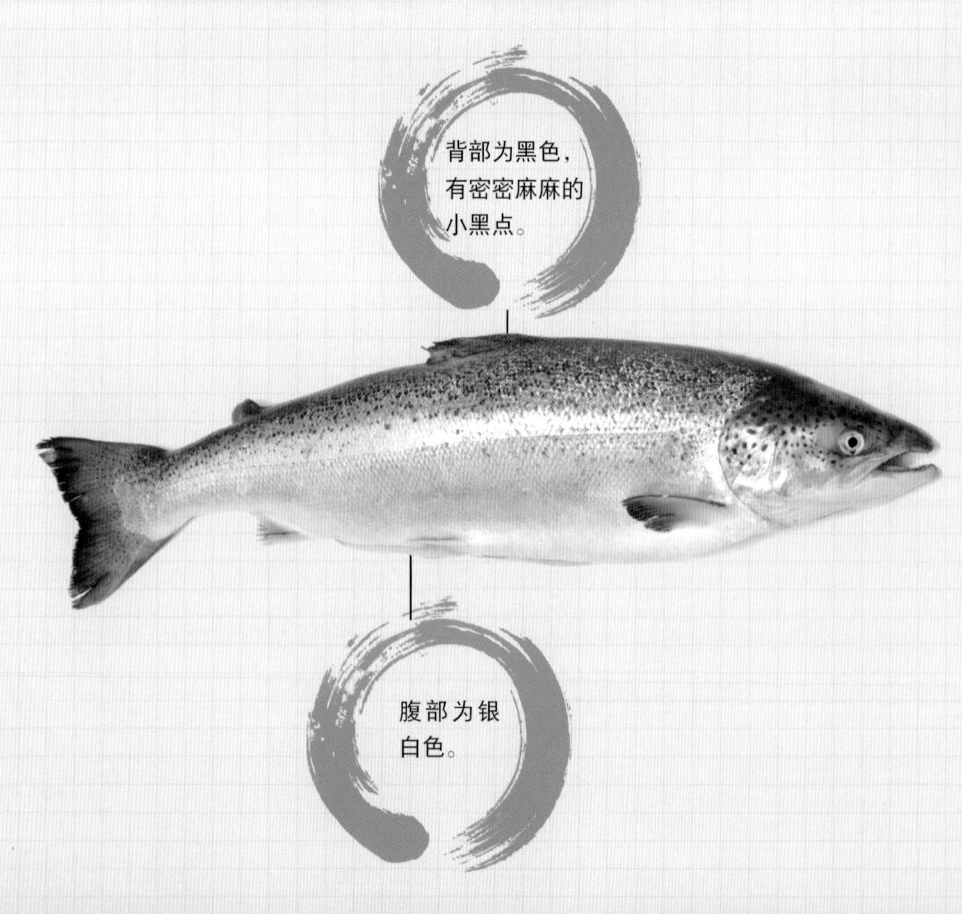

背部为黑色，
有密密麻麻的
小黑点。
腹部为银
白色。

我国的三文鱼以养殖为主，如果是野生的三文鱼，产季在10~12月之间，挪威、美国阿拉斯加等地产的三文鱼品质最受肯定，鱼制品加工也很活跃。

三文鱼生于淡水中，之后会游到海水中生长，再回到同一处淡水中繁殖。三文鱼是世界名贵鱼类之一，鳞少、刺少而且肉质鲜美，适合各年龄层的人食用。但是要注意，三文鱼的肉质虽然适合做成生鱼片，但是因鱼肉内较容易有寄生虫，所以最好经过杀菌处理后再食用。三文鱼还可以做成保健食品——鱼肝油。

三文鱼富含蛋白质、钙、铁和维生素等，其含有的不饱和脂肪酸可以降低体内胆固醇含量。

▸▸ 盛产季节 10～12 月

1 2 3 4 5 6 7 8 9 10 11 12

▸▸ 盛产地区

挪威、智利等，我国则以养殖为主。

▸▸ 建议料理方式

煲 煎 烤 炸 烧 拌 炒 生 蒸

▸▸ 大厨料理

煎三文鱼衬香料酱、水煮三文鱼排衬莳萝酸奶

料理常识

Q 切片三文鱼如何判断新鲜程度？

A 通常选购鱼时，会从鱼身或鱼鳃来判断是否新鲜，但是切片贩卖的三文鱼要如何断定呢？其实可以从鱼皮来看，新鲜的切片三文鱼鱼皮应黏着在鱼肉上，如果已经剥落或无水分，则是新鲜度没那么高；也可以从鱼肉来看，鱼肉透着水光，有橘红色光泽，代表是新鲜的切片鱼。

煎三文鱼衬香料酱

材料 Ingredients

材料	用量
三文鱼片带骨	200 克
迷迭香叶	3 克
荷兰芹	5 克
茴香叶	5 克
百里香叶	5 克
莳萝叶	2 克

材料	用量
美乃滋（蛋黄沙拉酱）	120 毫升
鲜奶油	50 毫升
盐	适量
白胡椒粉	适量
橄榄油	30 毫升

烹饪程序 Procedure

1. 将迷迭香叶、荷兰芹、茴香叶和百里香叶切碎后分开放置。
2. 三文鱼撒上盐、白胡椒粉和迷迭香叶碎。
3. 锅内加入橄榄油，以中火煎三文鱼片，煎至两面上色至熟，即可盛盘。
4. 将美乃滋、鲜奶油、盐、白胡椒粉混合，再加入切好的荷兰芹、茴香叶、百里香叶拌均匀，将莳萝叶装饰在旁边即可。

水煮三文鱼排衬莳萝酸奶

材料 Ingredients

去骨三文鱼片	200 克
洋葱	20 克
西芹	20 克
月桂叶	1 片
棉绳（一条）	约 30 厘米
黑胡椒粒	2 克
柠檬	1/2 个

莳萝叶	3 克
水	300 毫升
盐	适量
白酒	20 毫升
酸奶	100 毫升
鲜奶油	30 毫升

烹饪程序 Procedure

1. 将三文鱼用棉绳绑成圆形备用。
2. 将洋葱和西芹切粗丝备用。
3. 准备一只锅，加入切好的材料、水、月桂叶、黑胡椒粒、盐和白酒。
4. 放入三文鱼，等水煮开后转小火煮约 5 分钟，捞出，把棉绳拿掉。
5. 将酸奶和鲜奶油调合，再加入莳萝叶拌匀。
6. 煮好的三文鱼摆盘，放上柠檬、莳萝叶和酸奶即可。

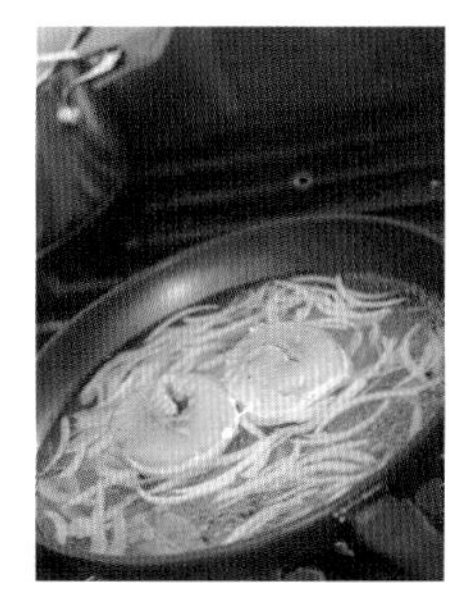

TIPS

将三文鱼绑成圆形的方法

将三文鱼片卷起，棉线缠绕两圈后，打结固定。

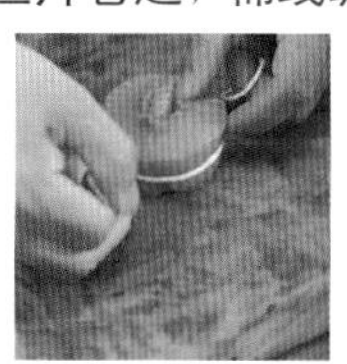

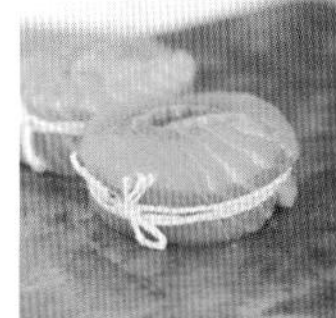

米鱼

肉质细致　中药良方

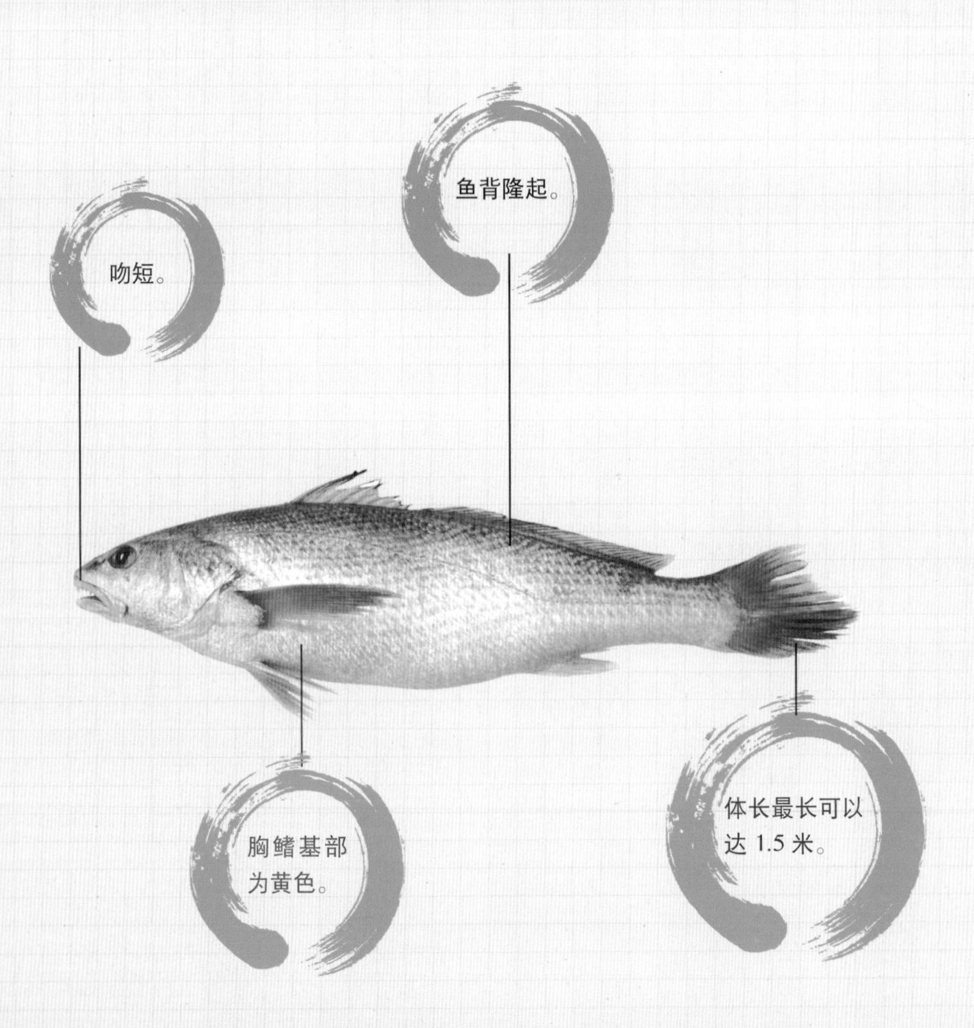

鱼背隆起。
吻短。
胸鳍基部为黄色。
体长最长可以达 1.5 米。

米鱼主要分布在浅水地区的泥沙地里，外形和鲈鱼相似，又称为毛常鱼、鮸仔或敏鱼。“有钱吃鮸，没钱免吃”，这句早期流传下来的话可以反映米鱼的高经济价值，甚至有食客认为它的美味更胜鲍鱼和鱼翅。

大型米鱼的鱼胶在中药店是很重要的药材，药性温和，可以补肝和治疗肾虚，可以预防孕妇产后造成的血崩和创伤出血；头部的巨大耳石也可以作为中药，有利尿、解瘀的功效，如果熬煮成汁也能解毒，加米酒和水一起炖煮可以治疗男性的性功能障碍或女性白带异常问题。

米鱼最适合的料理方式是干煎或红烧，可以锁住肉质的鲜甜与风味，也可以煮成汤，让精华充分溶入汤中。

▶▶ 盛产季节 11 月至翌年 4 月

1 2 3 4 5 6 7 8 9 10 11 12

▶▶ 盛产地区

西太平洋地区、韩国、中国沿海地区均产。

▶▶ 建议料理方式

煲 煎 烤 炸 烧 拌 炒 生 蒸

▶▶ 大厨料理

魔芋烧米鱼、啤酒烩米鱼

料理常识

Q 如何分辨米鱼新不新鲜？

A 新鲜的米鱼体表会呈现银灰色，无异味且肉质有坚实感；不新鲜的米鱼，鱼鳞会大量脱落，发出臭味，所以在购买时一定要慎选。

魔芋烧米鱼

材料 Ingredients

米鱼	160 克
姜	20 克
大蒜	10 克
红辣椒	15 克
水	200 毫升
魔芋	80 克

食用油	20 毫升
酱油	30 毫升
陈醋	15 毫升
糖	3 克
盐	适量

烹饪程序 Procedure

1. 将米鱼去鳞和内脏后撒盐备用。
2. 将姜、大蒜、红辣椒和魔芋切片。
3. 煎锅内加入食用油，以中火煎至米鱼两面都上色。
4. 将切好的材料加入锅中，再放入水、酱油、糖，制成汤汁烧开。
5. 加入陈醋烧至入味即可。

啤酒烩米鱼

米鱼	160 克
小番茄	50 克
柳松菇	30 克
姜	15 克
百里香	2 克
红辣椒	10 克
食用油	20 毫升

马铃薯淀粉	10 克
啤酒	200 毫升
酱油	30 毫升
糖	3 克
盐	适量
白胡椒粉	适量

1. 将米鱼去鳞和内脏后洗净，撒上盐、白胡椒粉和马铃薯淀粉备用。
2. 将小番茄、柳松菇、姜和红辣椒切片。
3. 煎锅加入食用油，以中火煎至米鱼两面都上色。
4. 加入切好的材料后，放入啤酒、酱油、糖和百里香。
5. 用慢火炖煮，待鱼熟入味即可盛盘。

鲭鱼

营养丰富　百搭好鱼

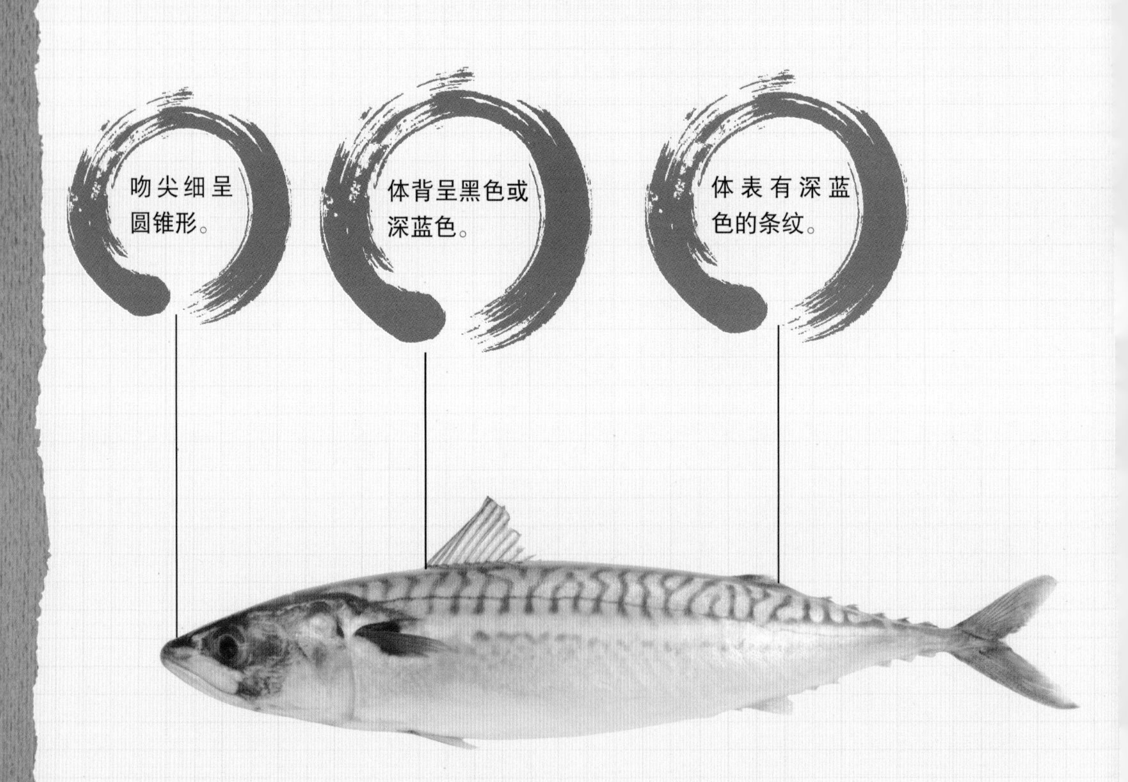

吻尖细呈圆锥形。
体背呈黑色或深蓝色。
体表有深蓝色的条纹。

鲭鱼又称鲭花鱼，是很常见的食用鱼类，全年几乎都可捕捞，但是以 4 月、5 月和 10 月为盛产季。鲭鱼的鱼油中含有丰富的铁、蛋白质、钠和 B 族维生素，DHA 含量仅次于金枪鱼，但是价格又较金枪鱼亲民许多。鲭鱼能够降低人体脂肪、胆固醇以及预防心血管等疾病，对于体内铁质不足的人，也能补充所需的营养。

鲭鱼和洋葱一起食用能够清血管；鲭鱼和番茄一起食用可以抗氧化；鲭鱼和芝麻一起食用可以抗老化；鲭鱼和姜一起煮食可以杀菌并预防食物中毒。由此可见，鲭鱼的营养价值很高，它是对人体极有益处的食物。

▶▶ 盛产季节 4 ～ 7 月和 9 ～ 12 月

1 2 3 4 5 6 7 8 9 10 11 12

▶▶ 盛产地区

以大西洋为主，太平洋西部也能捕获。我国主要盛产于南海沿岸。

▶▶ 建议料理方式

煲 煎 烤 炸 烧 拌 炒 生 蒸

▶▶ 大厨料理

焦糖水果烤鲭鱼、泡菜香料鲭鱼

料理常识

Q 不新鲜的鲭鱼如泻药？

A 鲭鱼一旦死亡超过两天，鱼体就会产生大量组织胺，食用后易引起食物中毒，明显的症状是会出现面部潮红、心悸、头痛和腹泻。所以鲭鱼一定要趁新鲜时食用。

焦糖水果烤鲭鱼

材料 Ingredients

鲭鱼	120 克
苹果	80 克
柳橙	30 克
凤梨	20 克
肉桂粉	5 克
丁香	2 克

薄荷叶	10 克
糖	60 克
盐	适量
白胡椒粉	适量
橄榄油	30 毫升
奶油	50 克

烹饪程序 Procedure

1. 取一块鲭鱼划刀，撒盐和白胡椒粉备用。
2. 将苹果、柳橙和凤梨去皮，切丁；薄荷叶切碎。
3. 锅内放入橄榄油以中火煎鲭鱼，煎至两面呈金黄色。
4. 烤盘铺上锡箔纸，将煎好的鱼放在烤盘上，入烤箱以 180℃烤约 10 分钟。
5. 另外起一锅，放入奶油、糖，以中火煮成焦糖，放入切好的水果制成焦糖水果，最后加入肉桂粉、丁香及薄荷叶碎即可。
6. 将焦糖水果放在烤好的鲭鱼旁即完成。

TIPS

避免鱼尾巴烤焦

烤鱼时，建议把鱼的尾巴用锡箔纸包起来，因为高温烘烤能将鱼肉烤熟，但也会将薄薄的鱼尾巴烤焦，用锡箔纸包覆鱼尾巴，就能够维持料理的美观。

泡菜香料鲭鱼

鲭鱼	120 克
韩式泡菜	60 克
新鲜百里香	3 克
柠檬	1/2 个

盐	适量
白胡椒粉	适量
橄榄油	30 毫升

1. 取一块鲭鱼划刀，鱼身撒上盐和白胡椒粉，鱼肚内放入新鲜百里香。
2. 将韩式泡菜切碎。
3. 锅内放入橄榄油，以中火煎鲭鱼，煎至两面呈金黄色。
4. 将泡菜放在煎好的鲭鱼上。
5. 入烤箱以 180℃烤约 10 分钟。
6. 将切好的柠檬附在烤好的鲭鱼旁即可。

鲳鱼

新年鲳鱼　年年有余

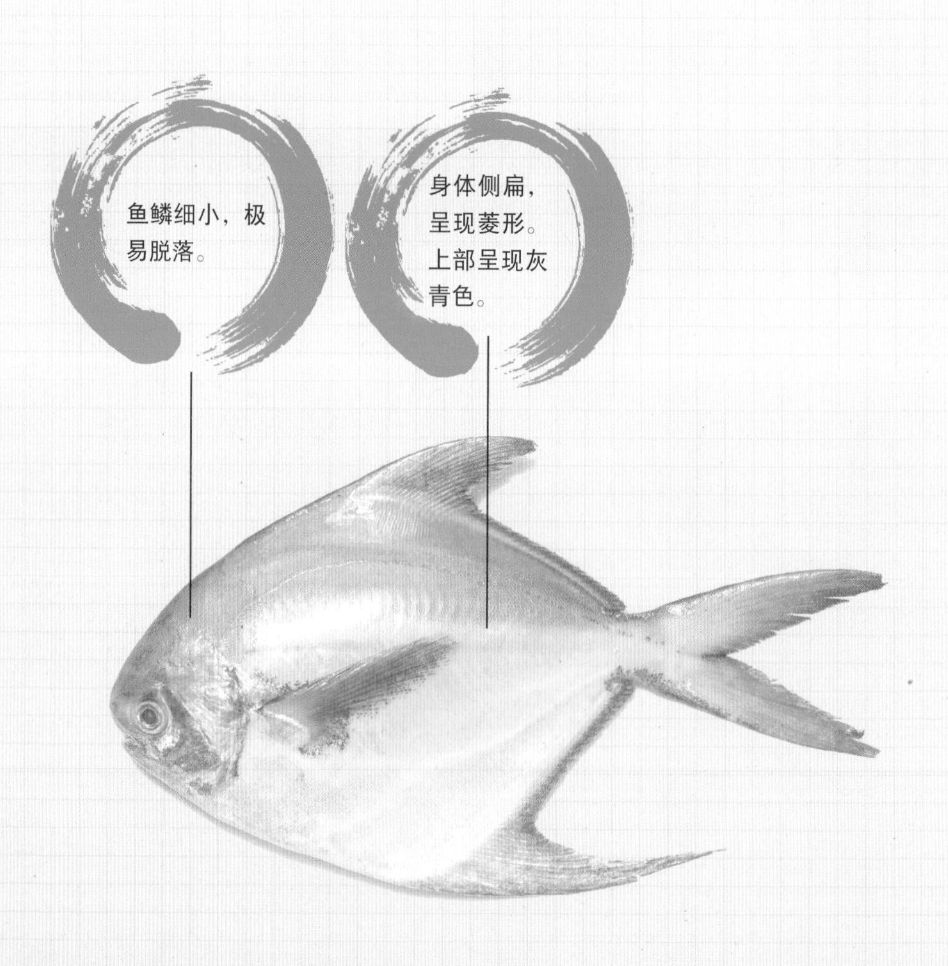

鱼鳞细小，极易脱落。
身体侧扁，呈现菱形。上部呈现灰青色。

鲳鱼又称为扁鱼、正白鲳，因为“鲳”音似“昌”，所以是过年时期的抢手货，价格也会因此翻涨。鲳鱼肉质鲜嫩易消化，所以很适合儿童和老人食用。鱼肉富含多种营养，例如蛋白质、脂肪、磷、铁和不饱和脂肪，可以防止冠状动脉硬化，也可预防癌症的发生。鲳鱼的嘌呤含量高，所以痛风、尿酸过高的患者不建议食用过多。

多吃鲳鱼可以补气养血，使筋骨柔软，在消化不良、腹泻、贫血时食用可以改善症状。鲳鱼适合的料理方法是干煎或清蒸，简单料理方式的目的是要品尝鲳鱼的原味，还可以将肉汁锁在鱼肉中。

▶▶ 盛产季节 2～4 月和 8～12 月

1 2 3 4 5 6 7 8 9 10 11 12

▶▶ 盛产地区

盛产于印度西太平洋区域，我国主要产于东海。

▶▶ 建议料理方式

煲 煎 烤 炸 烧 拌 炒 生 蒸

▶▶ 大厨料理

蜜汁斑兰煎鲳鱼、香茅花生酱烤鲳鱼

料理常识

Q 如何挑选新鲜的鲳鱼？

A 新鲜的鲳鱼鳞片会紧黏在鱼身上，并且散发光泽；掀开鳃盖呈现紫红色，含有水分及明亮的光泽；鱼眼的眼球饱满，并且角膜透明。

蜜汁斑兰煎鲳鱼

材料 Ingredients

鲳鱼片	120 克
香兰叶	1 片
食用油	20 毫升
中筋面粉	20 克

盐	适量
柠檬汁	10 毫升
蜂蜜	10 毫升

1. 将鲳鱼片洗净，加入盐和香兰叶，腌渍约 **15** 分钟。
2. 将柠檬汁和蜂蜜拌匀，制成酱汁。
3. 将鲳鱼片蘸上一层薄面粉，准备煎锅放入食用油，以中火煎鲳鱼至两面微黄。
4. 将调好的酱汁分两次加入锅中，慢火收汁即可。

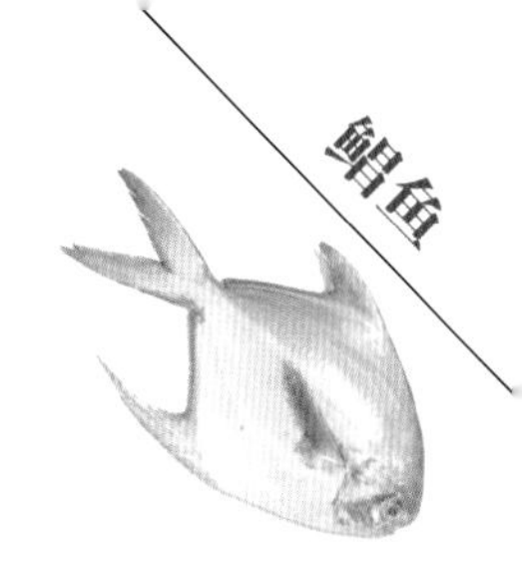

香茅花生酱烤鲳鱼

鲳鱼片	160 克	盐	适量
香茅	20 克	白胡椒粉	适量
蛋黄	1/2 个	柠檬片	适量
花生酱	80 克	食用油	适量

1. 将鲳鱼片洗净，加入香茅、盐和白胡椒粉，腌渍约 15 分钟。
2. 将花生酱和蛋黄拌匀，制成花生蛋黄酱。
3. 煎锅内加入食用油，以中火煎腌好的鲳鱼，煎至两面微黄。
4. 将花生蛋黄酱涂在煎好的鲳鱼上。
5. 放入烤箱以 180℃烤约 10 分钟即可盛盘。在一旁摆放柠檬片便完成了。

鳕鱼

肉嫩雪白　味美可口

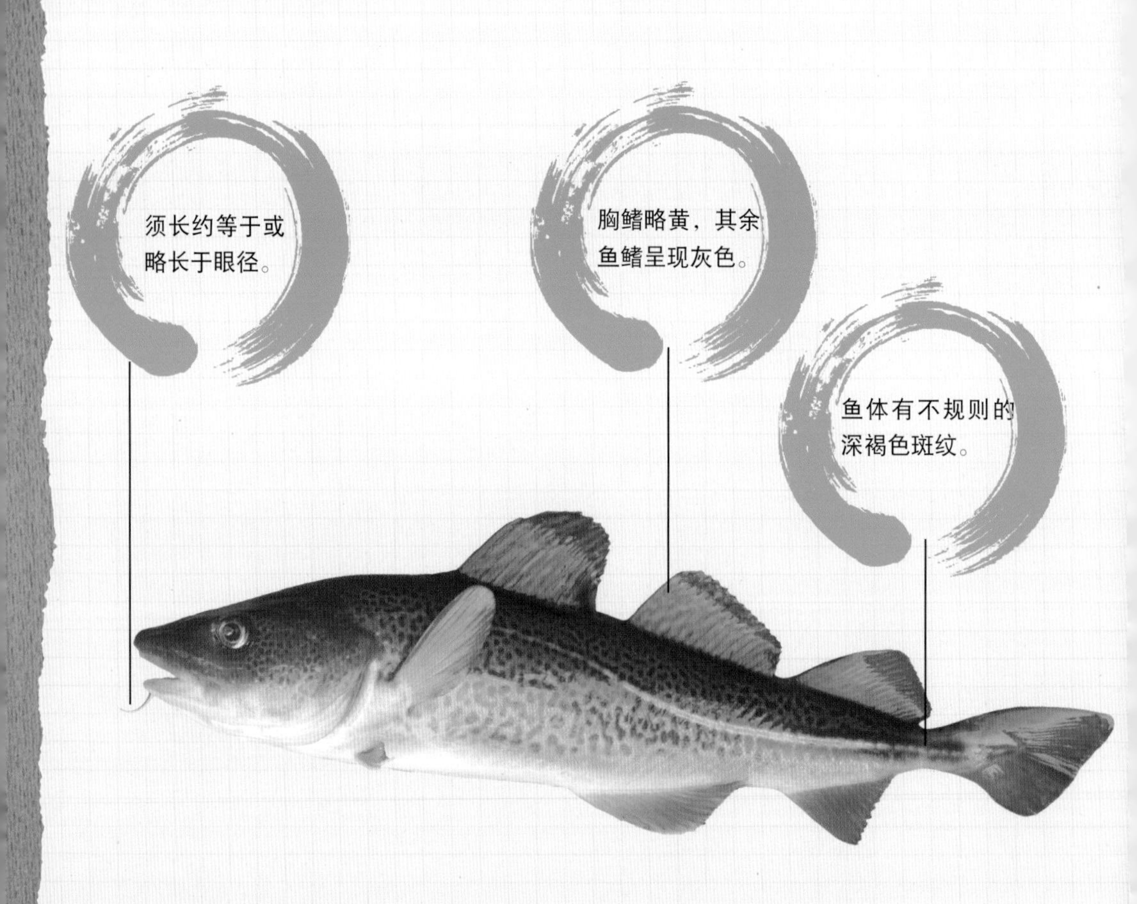

须长约等于或
略长于眼径。
胸鳍略黄，其余
鱼鳍呈现灰色。
鱼体有不规则的
深褐色斑纹。

鳕鱼又称为明太鱼，是很常见的食用鱼。其含有丰富的营养价值，甚至被称作餐桌上的营养师，北欧人还称鳕鱼为海中黄金。雪白的肉质精瘦鲜美，鱼的新鲜程度决定鱼肉的紧实度，越新鲜的鱼肉越有弹性也越紧实。

鳕鱼的肝脏常被提取制成鱼肝油，其富含维生素D、维生素A和不饱和脂肪酸，对结核菌有良好的抑制作用，可以消灭创伤伤口的细菌，液化坏菌组织；鳕鱼胰腺含有大量的胰岛素，有良好的降血糖作用，可以改善糖尿病症状。鱼肉中的镁元素能保护心血管系统，预防心肌梗死或高血压等高危险疾病。

鳕鱼适合许多料理方式，最常见的方式是清蒸或红烧。鳕鱼低脂肪、低胆固醇，味道鲜美，很适合老人或儿童食用。

▶▶ 盛产季节 7～12 月

1 2 3 4 5 6 7 8 9 10 11 12

▶▶ 盛产地区

北欧、加拿大和美国东部地区为主。

▶▶ 建议料理方式

煲 煎 烤 炸 烧 拌 炒 生 蒸

▶▶ 大厨料理

美极煎鳕鱼、芥汁烩鳕块

料理常识

Q 市场贩卖的鳕鱼头哪去了？

A 早期在鱼市场贩卖的鳕鱼，鱼头早早就被去除，导致鲜有人看过鳕鱼头的真面目，这是因为有些渔夫觉得鳕鱼头似人脸，是不祥之兆，所以会在上岸前就将鱼头去除。但是近些年已没有这样的顾虑，鳕鱼头已经是餐桌上的美味佳肴，做成火锅更受欢迎。

美极煎鳕鱼

材料 Ingredients

鳕鱼	160 克	水	50 毫升
香菜	10 克	食用油	50 毫升
红辣椒	10 克	米酒	30 毫升
青葱	10 克	盐	适量
面包糠	30 克	白胡椒粉	适量
海鲜酱油	80 毫升		

烹饪程序 Procedure

1. 将鳕鱼洗净擦干，撒上盐和白胡椒粉，蘸上薄薄一层面包糠后备用。
2. 将香菜、红辣椒和青葱切碎后备用。
3. 锅中加入食用油以中火煎鳕鱼，煎至两面上色且酥脆。
4. 淋上米酒、海鲜酱油、水和切好的材料。
5. 用中火慢慢把鳕鱼煨熟即可盛盘，最后将快收干的酱汁淋在鳕鱼上。

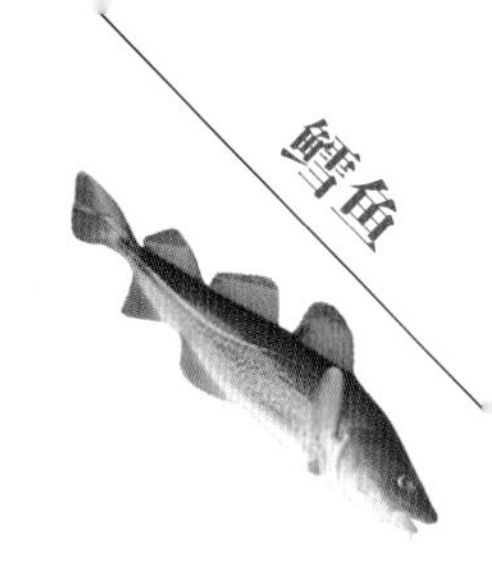

芥汁烩鳕块

材料 Ingredients

材料	用量	材料	用量
鳕鱼	120 克	食用油	300 毫升
蛋液	75 克	盐	适量
中筋面粉	30 克	白胡椒粉	适量
面包糠	60 克	黄芥末酱	30 克
荷兰芹	10 克	蛋黄酱	90 克

烹饪程序 Procedure

1. 将鳕鱼洗净擦干后切成四方块备用。
2. 荷兰芹切碎，黄芥末酱和蛋黄酱拌匀制成酱汁。
3. 把鳕鱼块撒盐和白胡椒粉，再蘸上中筋面粉、蛋液和面包糠。
4. 锅内放入食用油加热，以中火把鳕鱼炸熟呈金黄色。
5. 把制好的酱汁和炸过的鳕鱼拌在一起，撒上荷兰芹碎即可。

鲈鱼

肉质滑嫩雪白 细致可口

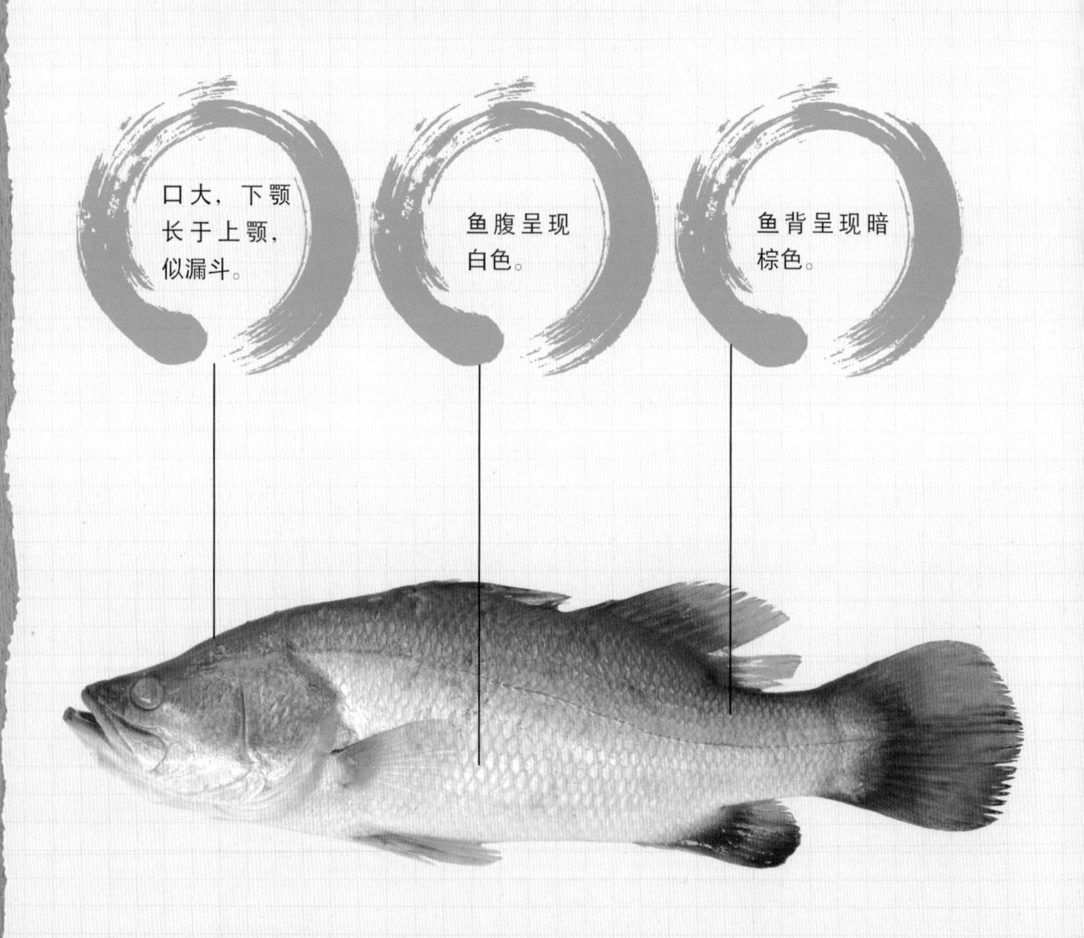

口大，下颚长于上颚，似漏斗。
鱼腹呈现白色。
鱼背呈现暗棕色。

鲈鱼又称为青鲈、花鲈或四鳃鱼，通常栖息在咸淡水中，在淡水里也可以存活，现今多以海水养殖为主。鲈鱼肉质结实洁白，营养价值极高，而且口感好，深受各年龄层的人喜爱。根据体表颜色，鲈鱼分为白鲈和黑鲈，其中黑鲈的黑色斑点不明显，腹部呈灰白色，鱼背呈现暗棕色。

鲈鱼适合和蔬菜一起食用。和菜花一起吃可以强化骨骼，缓解神经紧张；和木耳一起吃，可以使人恢复体力，让肌肤光滑细嫩；和小白菜一起食用，可以加速新陈代谢和造血，使身体机能维持良好的状态。

食用鲈鱼有哪些好处？

1. 富含蛋白质、烟酸和钙等，能够健胃整肠，消除消化不良或水肿的症状。
2. 孕妇多吃鲈鱼，既能健身补血，又有安胎的作用。
3. 鲈鱼含有大量的铜元素，可以使人体神经系统维持正常功能。

▸▸ 盛产季节 10 至翌年 4 月

1 2 3 4 5 6 7 8 9 10 11 12

▸▸ 盛产地区

日本海、西太平洋海域、我国沿海的淡水水体中均产。

▸▸ 建议料理方式

煲 煎 烤 炸 烧 拌 炒 生 蒸

▸▸ 大厨料理

吉士香料鲈鱼、青蒜烤鲈鱼

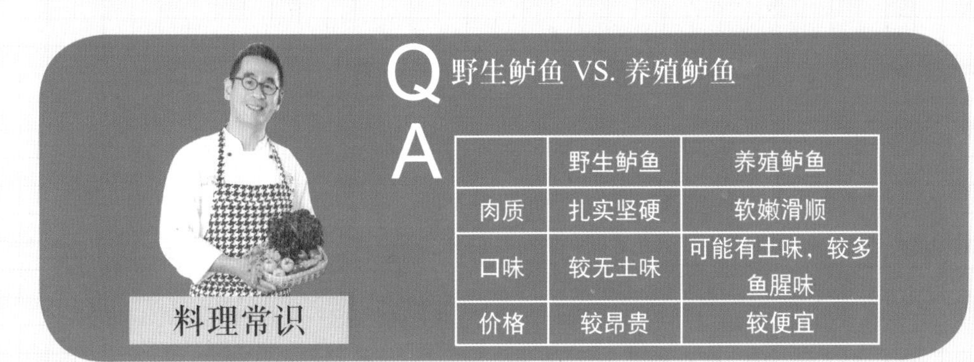

Q 野生鲈鱼 VS. 养殖鲈鱼

A

	野生鲈鱼	养殖鲈鱼
肉质	扎实坚硬	软嫩滑顺
口味	较无土味	可能有土味，较多鱼腥味
价格	较昂贵	较便宜

吉士香料鲈鱼

材料 Ingredients

鲈鱼（约 1/2 条）	250 克
香橙	1 个
百里香	2 克
牛膝草	2 克
荷兰芹	5 克
面粉	30 克
橄榄油	15 毫升
奶油	20 克
盐	适量
白胡椒粉	适量
白酒	30 毫升

烹饪程序 Procedure

1. 将鲈鱼去鳞和内脏后撒上盐及白胡椒粉。
2. 将香橙去皮，一半挤汁，一半切片。
3. 将百里香、牛膝草和荷兰芹切碎备用。
4. 把鲈鱼沾上面粉。
5. 锅内加入橄榄油和奶油，用中火把鲈鱼放入锅中煎，慢慢地把油淋到鲈鱼上。
6. 两面煎、淋至上色，待鱼肉熟后把油去除，加入白酒、橙汁和切好的香料，煮至入味。
7. 起锅盛盘，排上香橙片即可。

愛知·碧南

青蒜烤鲈鱼

鲈鱼（约 1/2 条）	250 克
蒜苗	100 克
月桂叶	1 片
白酒	30 毫升

荷兰芹	3 克
橄榄油	20 毫升
盐	适量
白胡椒粉	适量

1. 将鲈鱼去鳞和内脏后，在鱼肉上划刀，撒上盐和白胡椒粉。
2. 将蒜苗切成 8 厘米长的段；荷兰芹切碎备用。
3. 准备烤盘，摆好蒜苗，把鲈鱼放上，再淋上橄榄油、白酒，最后放上月桂叶。
4. 放入烤箱，以 180℃烤约 15 分钟。
5. 盛盘后，撒上荷兰芹碎即可。

虾类

虾类介绍

虾属于节肢动物甲壳类。虾有许多品种，例如龙虾、斑节虾和草虾等。虾的营养价值极高，能够补肾壮阳、抗衰老，增强人体的免疫功能及性功能，富含的虾红素还有滋阴补身的功效。

虾的新鲜程度决定虾料理的美味与否，虾适合炭烤、清蒸、干煎和红烧，肉质好又新鲜的虾还可以做成寿司食用。市面上虽然有卖现成剥好的虾仁，比较方便民众煮食与品尝，口感还很有弹性，但是其中可能添加了对人体有害的硼砂。所以如果时间允许，还是尽量购买新鲜安全的带壳虾。

虾类挑选法则

点一点

点一点虾的眼睛，虾眼睛会因为被点而跟着活动，这样的虾才是新鲜的虾。

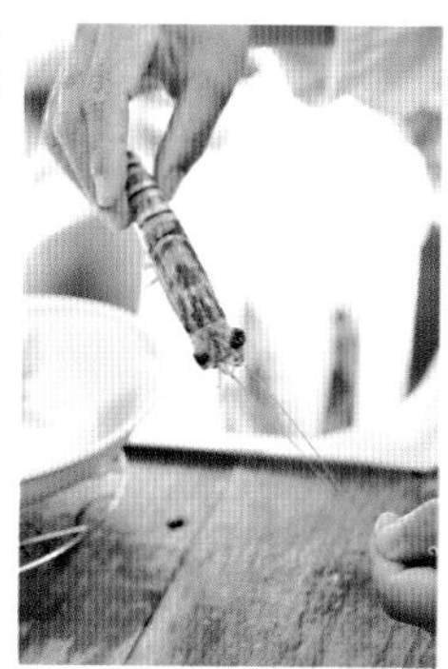

拉一拉

拉一拉虾的须，须子较长且结实才是新鲜的虾。

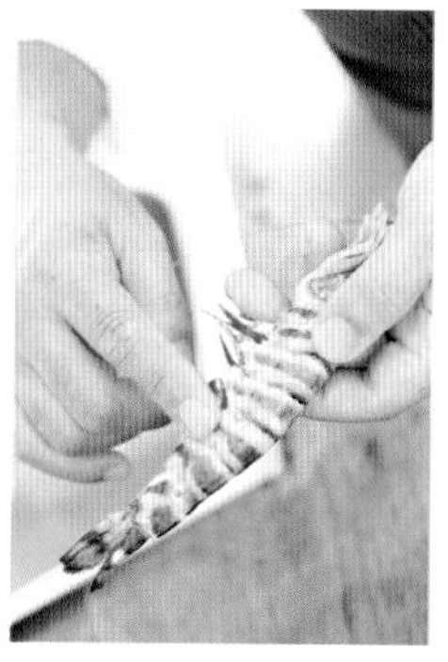

摸一摸

摸一摸虾身，没有黏液才是新鲜的虾。

瞧一瞧

瞧一瞧虾头，没有黑头才是新鲜的虾。

虾类清洗法则

1. 用剪刀剪去脚和须，避免食用时刺伤嘴巴。
2. 用牙签挑掉背上的虾线。
3. 在水中加入食盐和冰块，放入虾用筷子搅拌，可以帮助虾去砂和吐脏水。

虾类保存法则

1. 当天即要烹调的虾不用放入冷冻保存，以免肉质变硬。
2. 不立即食用的虾，建议放在保鲜盒中再放入冰箱冷冻。

斑节虾

龙虾肉质　鲜美可口

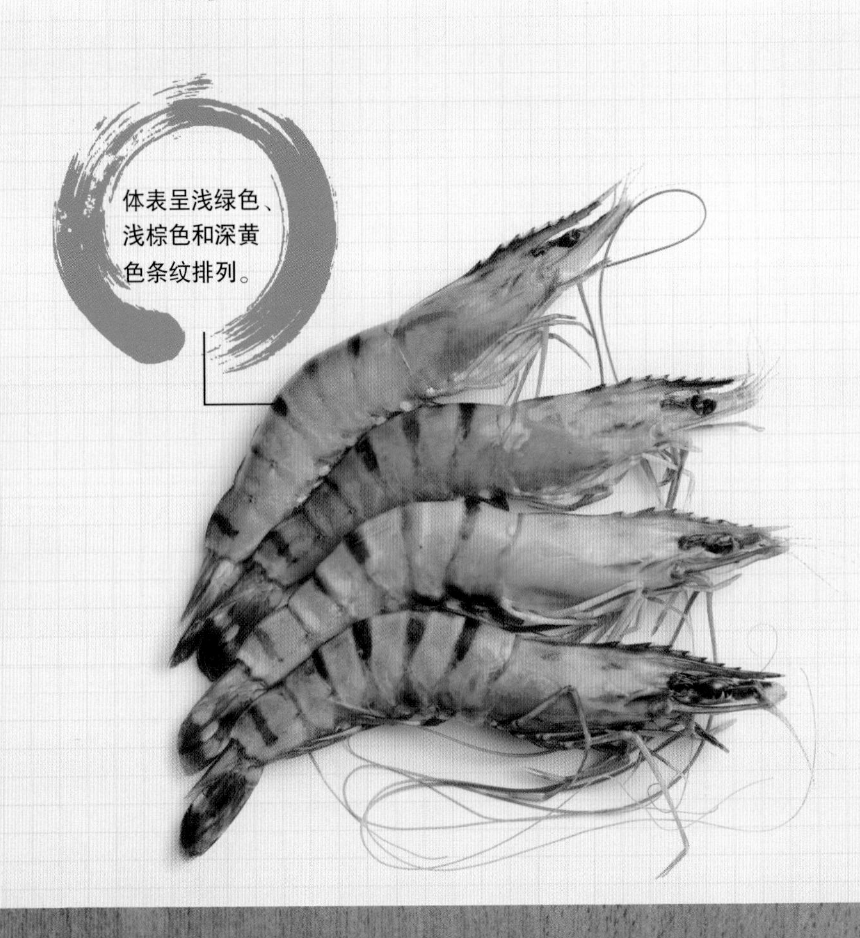

体表呈浅绿色、浅棕色和深黄色条纹排列。

斑节虾俗称明虾，个头较大，壳较厚，肉质尝起来紧实滑嫩，虽然比龙虾小，但是口感绝不逊色。无论是中式或西式料理，斑节虾都是厨师和食客眼中的美味食材，如果斑节虾够新鲜，甚至还可以生食，是不可多得的美味。

斑节虾可以给虚弱的人补充营养。虾肉含有丰富的镁，可以预防心血管系统疾病，减少血液中胆固醇含量，预防高血压及高血脂等疾病；而且富含磷和钙，可以促使产妇分泌乳汁；对于男性而言，它还可以补肾壮阳、治愈阳痿。

▶▶ 盛产季节 2～4 月和 8～11 月

1 2 3 4 5 6 7 8 9 10 11 12

▶▶ 盛产地区

分布在西太平洋等温带海域及我国沿海地区。

▶▶ 建议料理方式

煲 煎 烤 炸 烧 拌 炒 生 蒸

▶▶ 大厨料理

嫩煎香料斑节虾

料理常识

Q 虾类忌和水果一起食用吗？

A 虾中含有丰富的蛋白质和钙，如果和含有鞣酸的水果，例如葡萄、柿子或石榴共同食用，会影响蛋白质的吸收，和钙结合还会刺激肠胃，严重的甚至会引起腹泻或呕吐。所以食用二者时应至少间隔两小时。

嫩煎香料斑节虾

材料 Ingredients

斑节虾	两只
面粉	30 克
面包糠	60 克
鸡蛋	1 个
鲜奶	20 毫升
乳酪粉	20 克

荷兰芹	10 克
食用油	30 毫升
盐	适量
白胡椒粉	适量

烹饪程序 Procedure

1. 将斑节虾对半切，但不要切断，撒上盐和白胡椒粉调味。
2. 将荷兰芹切碎后和面粉、乳酪粉混合。
3. 将鸡蛋打成蛋液，和鲜奶混合。
4. 将斑节虾沾上面包糠和蛋液。
5. 沾上步骤 2 的材料。
6. 锅内放入食用油，以中火煎斑节虾，将其两面煎成金黄色即可起锅。

Chunky
Sisig
SARDINES
with
OMEGA
3
HACCP

樱花虾

海中萤火　营养鲜嫩

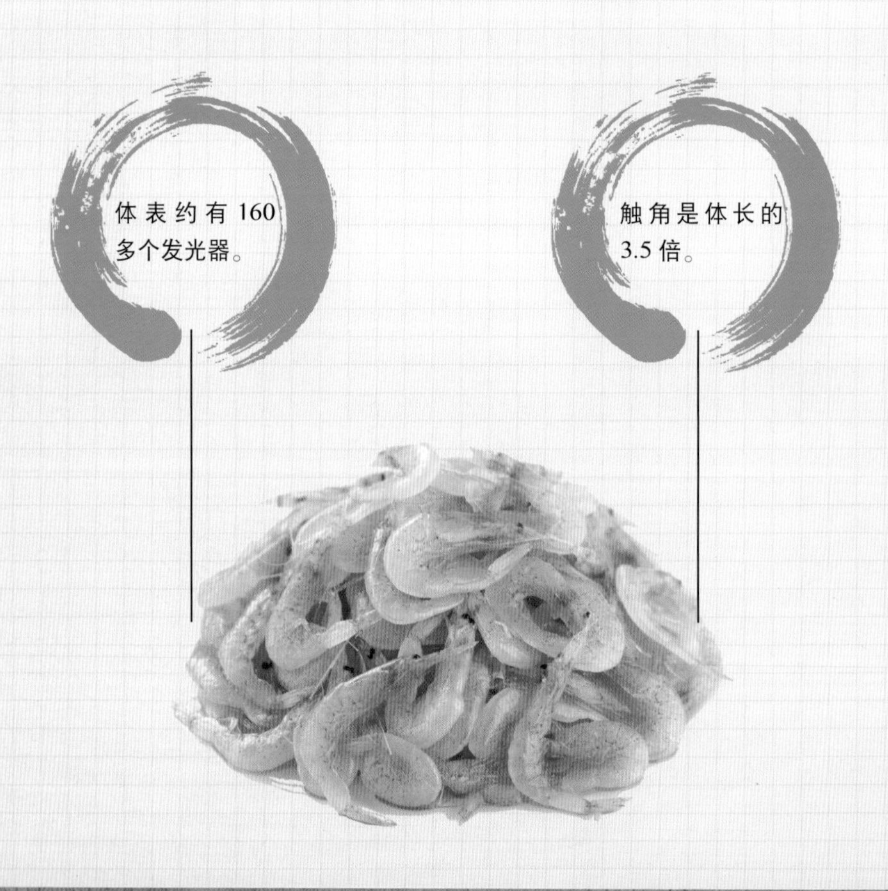

体表约有 160 多个发光器。
触角是体长的 3.5 倍。

樱花虾因为在海中像落英缤纷的樱花，所以称为樱花虾。它的外形比一般虾小许多，长度大约为5厘米，公虾呈透明，色带上有偏蓝色泽，母虾通体艳红，母虾的艳红色泽决定于水的条件、食物和个体大小，特别是抱卵的母虾，更是通体深红。樱花虾繁殖非常容易，可以每月抱卵1次。早期渔民未重视樱花虾的价值，把樱花虾和其他杂鱼搅成鱼浆作成鱼饲料，直到1988年，其营养价值和经济价值才得到重视。其外壳细薄柔软，大多制成干制品。

▶▶ 盛产季节 11月至翌年5月

▶▶ 盛产地区

我国主要产于台湾地区。

▶▶ 建议料理方式

煲 煎 烤 炸 烧 拌 炒 生 蒸

▶▶ 大厨料理

樱花虾香菜煎蛋

料理常识

Q 樱花虾的营养价值有哪些？

A 樱花虾含多种营养成分，例如钙、镁和粗蛋白质，钙质含量是牛奶的6倍，可以被人体直接吸收，预防骨质疏松，镁则让骨骼结实。樱花虾适合和香料炒香后做酱料，在制作炒饭、炒面或拌面时，添加一匙提味，料理就会有大海的鲜甜口味与特殊的香脆口感。

樱花虾香菜煎蛋

樱花虾	50 克	食用油	60 毫升
鸡蛋	3 个	盐	适量
香菜	10 克	白胡椒粉	适量

烹饪程序 Procedure

1. 锅内不放油拌炒樱花虾，炒出香味。
2. 香菜切碎；鸡蛋打成蛋液。
3. 将樱花虾和香菜碎加入蛋液里，再加盐及白胡椒粉调味。
4. 锅内放入食用油加热，放入调好的虾，以中火煎至两面呈金黄色即可盛盘。

TIPS

热锅

将油倒入锅中，让油沿着锅壁缓慢滑动，使油可以布满整个锅，这样在烹调时比较不容易粘锅。

蟹类

蟹类介绍

蟹自古以来就被视为是珍品佳肴，明末清初文学家李渔曾说“凡食蟹者，只合全其故体蒸而食之……入于口中实属鲜嫩细腻”，蟹只要清蒸食用就很美味，会吃海鲜的食客懂得其美味。

秋季是食用螃蟹的最佳季节，但是吃螃蟹还是有许多需要注意的事项，做好准备，一起来谈一谈螃蟹吧！

蟹类挑选法则

分辨公、母蟹

肚子圆圆的为母蟹；肚子尖尖的为公蟹。

八肢与螯

八肢与螯都要健全，并且捏一捏蟹脚，要厚实且硬。

按捏蟹壳

捏蟹的肚子，要饱满且硬；捏壳如果软塌，表示蟹不新鲜。

点一点眼睛

点一点蟹的眼睛，蟹眼睛会因为被点而跟着活动，这样的蟹才新鲜。

蟹类清洗法则

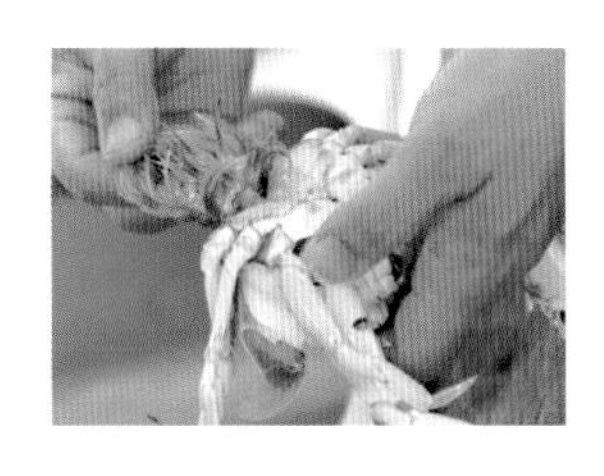

去鳃

肚子打开后，呈现的两排小扇子就是蟹鳃。因为蟹鳃是螃蟹的呼吸系统，较脏，所以不宜食用。

洗肚子

新捞起的蟹有泥土，可以用牙刷将蟹刷洗干净。

蟹类保存法则

1. 将蟹的脚捆绑起来，避免蟹挣扎消耗体力。
2. 将蟹覆盖上湿毛巾，放入冰箱冷藏，可以保存 5~7 天。
3. 活蟹如果不马上食用，建议不要用水清洗，否则螃蟹会死去。

花蟹

秋季滋补　增强体力

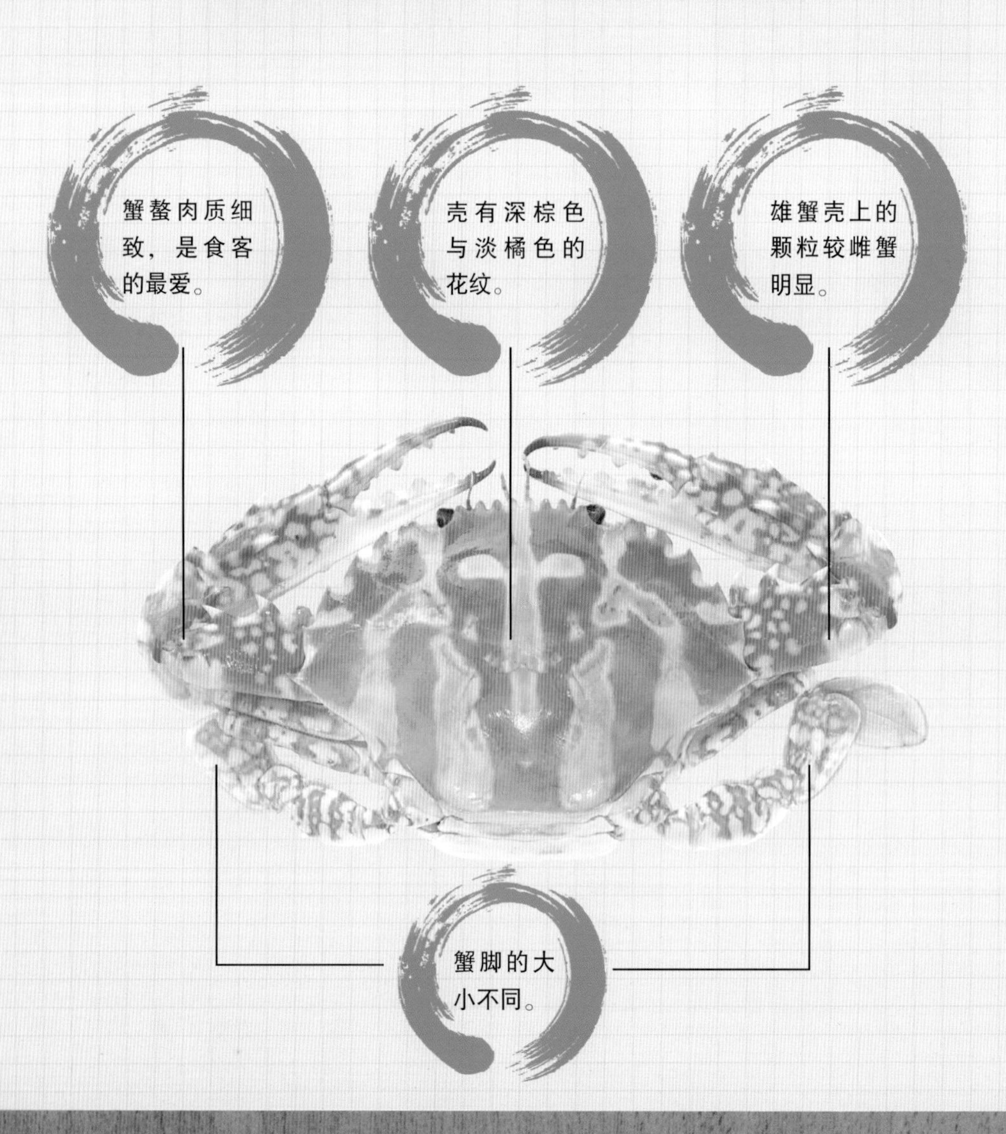

蟹螯肉质细致，是食客的最爱。
壳有深棕色与淡橘色的花纹。
雄蟹壳上的颗粒较雌蟹明显。
蟹脚的大小不同。

花蟹又称为十字蟹、红蟹或红市仔，因为外壳有花纹所以被称为花蟹，如果非盛产期很难在市面上见到花蟹的踪迹，盛产期在8~11月，秋季也是最适合品尝螃蟹的季节。

花蟹含有丰富的蛋白质、脂肪和磷脂，对身体有滋补作用。多食用花蟹可以开胃、通经络、去淤血和黄疸，甚至对治疗风湿也有一定的效果。早期的结核病患者也可多食用花蟹，对康复有很大的帮助。

花蟹最适合的料理方式是清蒸，光是清蒸时的香气就可以配好几碗饭，再搭配不同的调料，就可以变化出多种花蟹料理。花蟹也很适合煮粥，海鲜的鲜甜融入粥中，对于恢复元气有很大的帮助。

▸▸ 盛产季节 8～11 月

1 2 3 4 5 6 7 8 9 10 11 12

▸▸ 盛产地区

印度洋至太平洋海域以及中国沿海地区皆产。

▸▸ 建议料理方式

煲 煎 烤 炸 烧 拌 炒 生 蒸

▸▸ 大厨料理

清蒸花蟹衬姜醋汁

料理常识

Q 花蟹的食用禁忌有哪些？

A 花蟹性寒，患有伤风、腹泻、胆结石或肠胃虚寒的人不可多食；蟹黄胆固醇含量较高，患有高血压、动脉硬化或高脂血症的人应避免食用。

清蒸花蟹衬姜醋汁

材料 Ingredients

花蟹	两只
姜	15 克
大蒜	10 克
青葱	20 克
白醋	60 毫升
糖	10 克
酱油	5 毫升

烹饪程序 Procedure

1. 将花蟹洗净后去鳃备用。
2. 将青葱切段；姜和大蒜切碎。
3. 将白醋、糖和酱油用锅煮开后放凉，再放入姜碎和大蒜碎，制成姜醋汁。
4. 盘中先放入切好的葱段，再放入花蟹，入锅用大火蒸约 10 分钟即可。
5. 盛盘后与制好的姜醋汁一起上桌就完成了。

TIPS

煮蟹小窍门

如果购买的是活蟹，建议在烹煮前将蟹放进冰箱冷藏一小时，让蟹昏睡，这样可以避免蟹在烹煮时挣扎而断脚，或是释放出阿摩尼亚的臭味，影响烹调的美味。

锁管类

锁管类介绍

锁管类共有十只脚，包括八只腕足及两只触腕，肉质厚实，嚼起来有韧性。锁管类富含多种营养，其中所含的蛋白质是最佳动物性蛋白质来源之一，作为鲜食很美味，晒干后制成罐头、酱料也很下饭。

锁管类又分为鱿鱼、乌贼鱼和章鱼等，每一种海鲜都有其特色与营养，不同的料理方式也会有不同的风味。

认识不新鲜的锁管

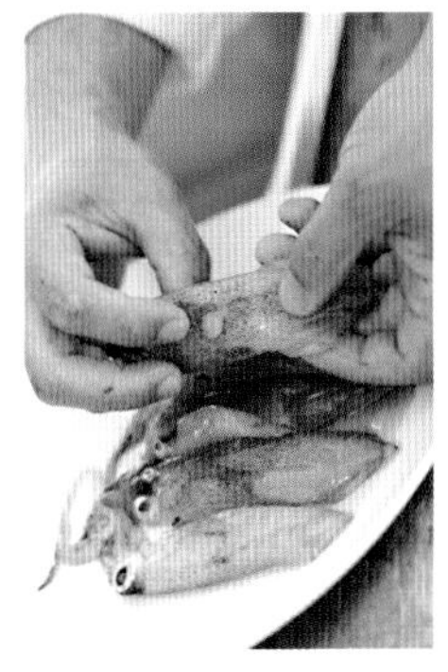

1.锁管肚有破皮。

2.锁管肚没有光泽。

3.锁管眼睛不明亮，呈现混浊的乳白色。

锁管类清洗、保存法则

1.洗去薄膜后，中间用划刀切开，挖除内脏并清洗干净。
2.头部眼珠较硬不好入口，建议拔除。
3.建议将水淹过锁管，再放进冷冻库保存。

小章鱼

营养保健　补气活血

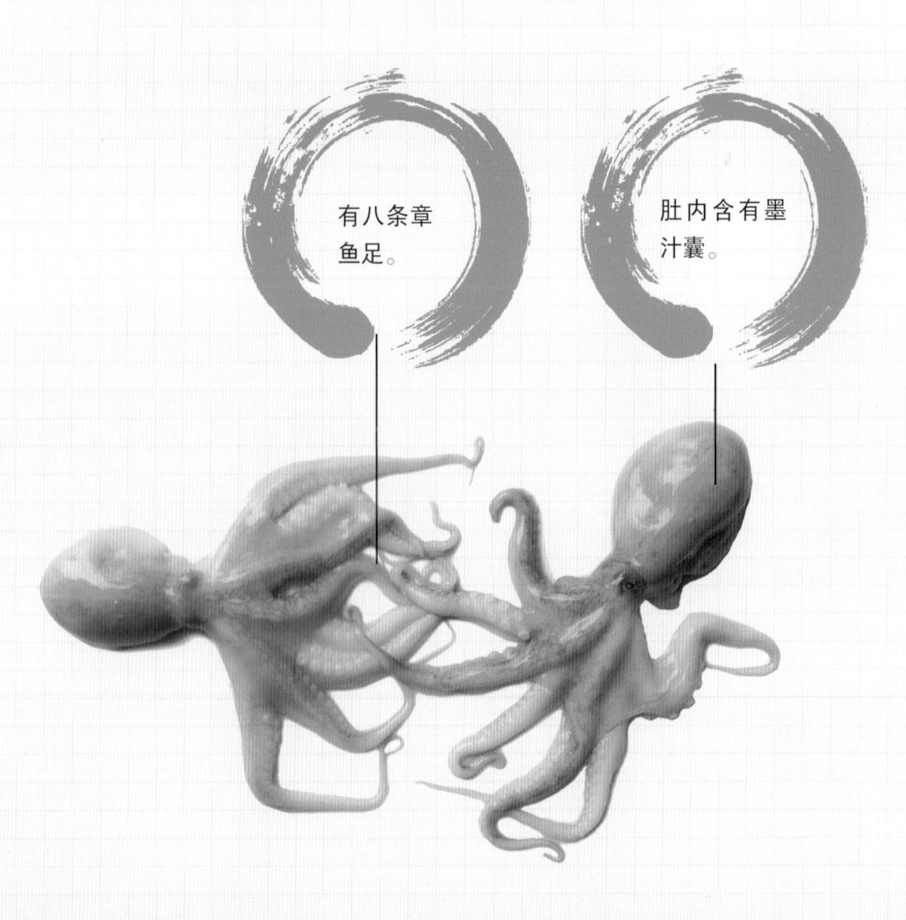

小章鱼含有丰富的蛋白质和矿物质，多食用能起到抗疲劳和延缓衰老的作用，如果气血虚弱也可以多食用，能够补气，恢复体力。小章鱼含有珍贵的牛磺酸，能够抑制血液中胆固醇增加，预防心血管疾病，还能常保视力健康，消除眼睛疲劳。小章鱼富含的胶质可以修复晒后干燥的皮肤，给予皮肤胶原蛋白，使其恢复光泽与弹性。

在料理上，小章鱼适合烫后佐酱料食用。特别注意的是，小章鱼因为不容易被消化，酱料中可以添加少许醋，一起食用下肚后，醋可以帮助分解章鱼肉，使肠胃更好的吸收。

▸▸ 盛产季节 6 月至翌年 2 月

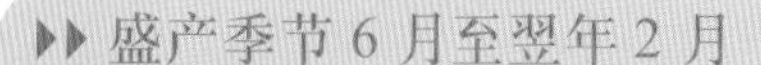

1 2 3 4 5 6 7 8 9 10 11 12

▸▸ 盛产地区

太平洋、大西洋及地中海海域。

▸▸ 建议料理方式

煲 煎 烤 炸 烧 拌 炒 生 蒸

▸▸ 大厨料理

辣味小章鱼

料理常识

Q 如何挑选新鲜的小章鱼呢？

A 只要把握以下几点，就可以买到新鲜的小章鱼：

1. 形状完整，没有缺腕；
2. 色泽鲜明不暗沉；
3. 肥大且腕粗壮；
4. 体色灰白带粉红色。

辣味小章鱼

材料 Ingredients

小章鱼	120 克
红辣椒	20 克
青葱	25 克
熟白芝麻	10 克
大蒜	10 克
姜	10 克
水	500 毫升
辣椒粉	10 克
酱油	30 毫升
麻油	15 毫升
糖	5 克

1. 将小章鱼洗净。
2. 将红辣椒、青葱、大蒜和姜切碎备用。
3. 锅内放入水煮开后，把小章鱼放入锅内烫熟，捞起后放凉。
4. 将辣椒粉、酱油、麻油和糖全部混合，加入切好的碎料拌均匀，制成酱料。
5. 将小章鱼和酱料拌在一起。
6. 撒上熟白芝麻就完成了。

鱿鱼

下酒好菜　营养味美

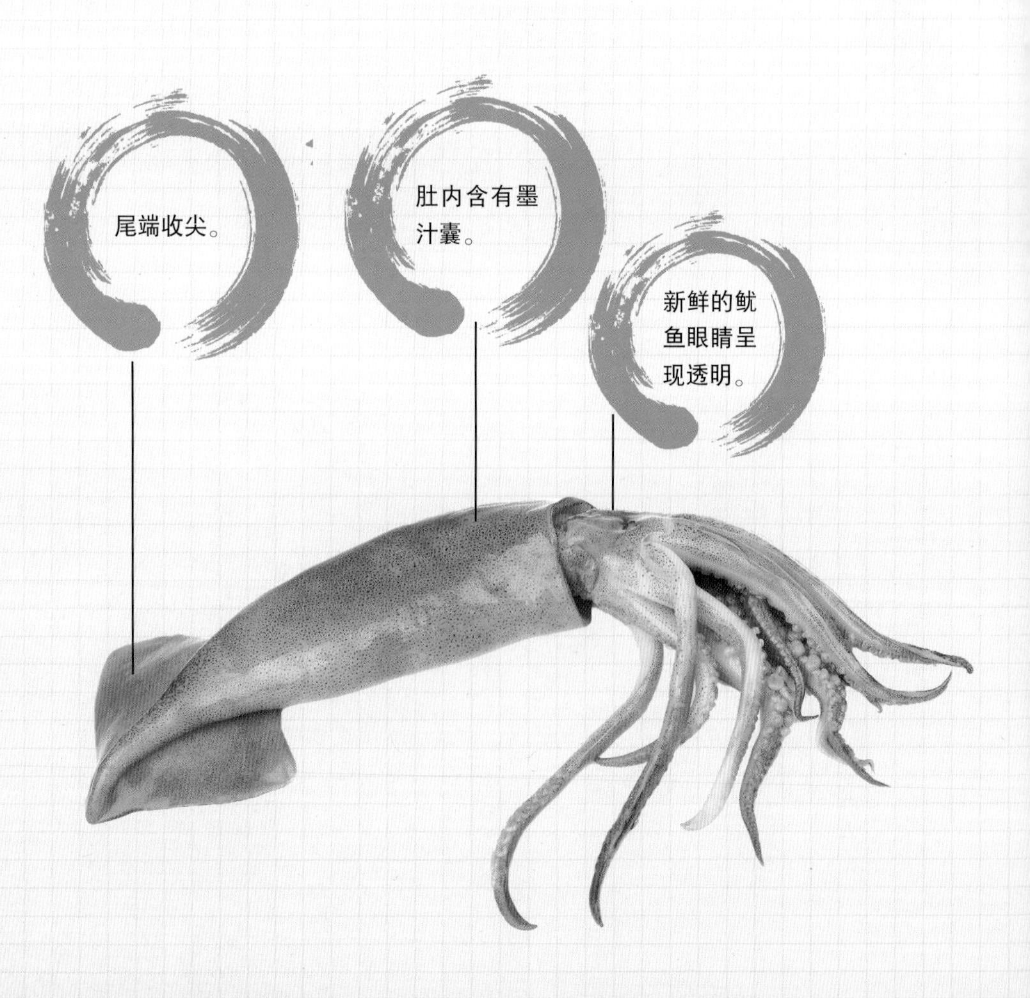

尾端收尖。
肚内含有墨汁囊。
新鲜的鱿鱼眼睛呈现透明。

鱿鱼又称为锁管或枪乌贼，夏、秋两季盛产。体型有大有小，躯干中间呈现圆胖的体形，体形较小的鱿鱼（15 厘米以下）又称作小管，通常渔夫捕捞上岸后会直接汆烫，避免发臭。鱿鱼也经常作为加工食品原料，例如辣味鱿鱼或红烧鱿鱼都很适合当下酒菜食用。

鱿鱼的肚内含有一个墨汁囊，能够保护人体肝脏，甚至具有防癌效果。鱿鱼含有丰富的蛋白质和少量脂肪，这样的特性很适合减肥的人食用，加上含有大量牛磺酸，可以预防血管累积胆固醇，避免血管硬化。鱿鱼还可以预防阿尔茨海默病，提高脑神经机能与改善记忆学习能力。

鱿鱼的味道鲜美，体型较大的鱿鱼会被日式料理店直接切片做寿司；直接滚水汆烫后加入调料也很美味；也可以干煎或是红烧。

▶▶ 盛产季节 6 ～ 11 月

1 2 3 4 5 6 7 8 9 10 11 12

▶▶ 盛产地区

主要在我国南海北部、日本九州、菲律宾群岛中部盛产。

▶▶ 建议料理方式

煲 煎 烤 炸 烧 拌 炒 生 蒸

▶▶ 大厨料理

彩椒鱿鱼衬陈年醋

料理常识

Q 如何挑选新鲜的鱿鱼？

A 鱿鱼只要捕捞上岸后，就会进入死亡状态，但是还是可以靠外表挑选较新鲜的鱿鱼。要注意鱿鱼的表皮有没有脱落，颜色有没有斑驳，有没有发出异味或恶臭（氨水味），如果有就是不新鲜的鱿鱼。

彩椒鱿鱼衬陈年醋

材料 Ingredients

鱿鱼	160 克
红甜椒	20 克
黄甜椒	20 克
青椒	20 克
大蒜	10 克

荷兰芹	5 克
橄榄油	30 毫升
盐	适量
白胡椒粉	适量
意式陈醋	30 毫升

烹饪程序 Procedure

1. 将鱿鱼清洗干净。
2. 将红甜椒、黄甜椒、青椒去子切成小丁状。
3. 将大蒜和荷兰芹切碎。
4. 锅内加入橄榄油烧热后，开中火放入鱿鱼煎至两面上色。
5. 将大蒜碎及甜椒丁加入锅内拌匀。
6. 加入盐、白胡椒粉和意式陈醋调味。
7. 撒上切好的荷兰芹碎末即可。

贝类

贝类介绍

市面上常见的贝类有牡蛎、文蛤、蚬和干贝，它们有很高的经济价值，富含蛋白蛋、铁、钙，而脂肪含量却很少，所含的不饱和脂肪酸还可以降低血糖，促进胰岛素分泌，从而降低血糖值。

因为贝类本身含有天然海盐，吃起来有自然的咸味，烹调时可以不用再加盐。

贝类挑选法则

1. 贝类的肉足会露出壳外活动，偶尔出水孔会喷出小水泡，活动力旺盛。
2. 互相敲击贝类，有扎实的铿锵声，就是新鲜的活贝。
3. 闻一闻，如果有臭味就是死亡的不新鲜贝类。

贝类清洗、保存法则

1. 吐沙方法一：贝类放入水中，并在水中滴入少许油，贝类闻到油味便会轻松吐沙。
2. 吐沙方法二：将贝类煮熟去壳后放入碗中，倒入少量醋和白酒，也可以轻易吐沙。
3. 贝类购买回家时不建议冷冻保存，吐沙后才能密封冷冻。
4. 冷藏可保存 2 ～ 3 天；冷冻可以放置约 1 个月。

蚬

护肝防癌　保养圣品

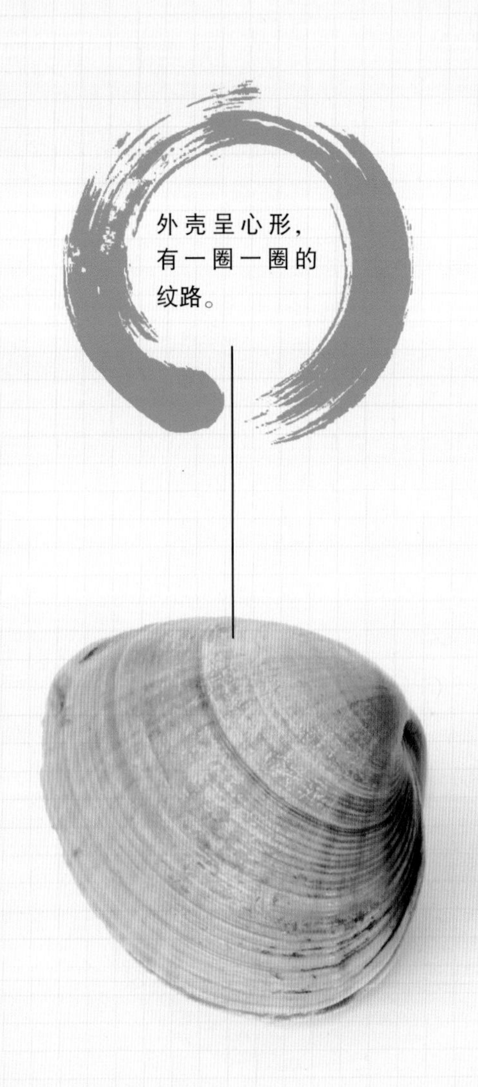

蚬通常会生活在河流泥沙中，我国四季皆产，但是以夏季的蚬最为肥美。

蚬中含有丰富的 B 族维生素和蛋白质，可以防止贫血，补足受损肝细胞所流失的维生素；蚬中的牛磺酸可以促进食欲，协助肝脏分泌胆汁，让小肠对食物的吸收能力更好；还含有丰富的胆硷，可以有效防治肝癌和肝硬化。

蚬最为人称道的料理方式就是煮汤，一点点的味噌加入汤中，让蚬的鲜美精华溶入汤里，这便是日式料理中最常见的汤品。

▸▸ 盛产季节 4～10 月

1 2 3 4 5 6 7 8 9 10 11 12

▸▸ 盛产地区

除南极洲外的各大洲水域皆有。

▸▸ 建议料理方式

煲 煎 烤 炸 烧 拌 炒 生 蒸

▸▸ 大厨料理

豆酱炒黄金蚬

料理常识

Q 为什么说蚬肉更胜蚬精？

A 市面上有贩售许多标榜可以护肝的蚬精，但许多民众不知道，其实去买新鲜的蚬煮来吃，效果会比蚬精更好，而且更省钱。贝类例如文蛤、牡蛎或蚬中都有良好的保肝成分，而且是健康的植物类固醇，可以抑制肝纤维化。

可以将蚬吐沙洗净，加姜片和大蒜在锅中蒸，蒸熟后碗中会有许多汤汁，连同肉和汤汁一同食用即可。

豆酱炒黄金蚬

黄金蚬	250 克
蒜	15 克
姜	15 克
罗勒	80 克
食用油	20 毫升

黄豆酱	50 克
糖	5 克
酱油	20 克
米酒	20 毫升
水	100 毫升

1. 让黄金蚬吐沙后捞出。
2. 将蒜和姜切碎。
3. 将黄豆酱、糖、酱油、米酒和水混合在一起，制成调料。
4. 锅内加入食用油，以中火爆香姜、蒜。
5. 放入黄金蚬拌炒，再加入制好的调料炒匀。
6. 罗勒取叶，放入锅中拌炒均匀即可盛盘。

干贝

提鲜圣品　味美多汁

干贝是扇贝的肉，肉质鲜嫩、香甜可口，而且少有海鲜的腥味，作为料理的提味品也很适用。干贝吃起来充满嚼劲，中式料理或西式料理都可以使用。

干贝富含蛋白质，含量高达 61.8%，是一般海鲜的 3 倍；干贝含有丰富的矿物质，含量比燕窝、鱼翅还高；干贝还有滋阴补肾、降血压和治疗头晕目眩的功效。但是因其是高嘌呤食材，痛风患者应尽量减少食用。

干贝挑选原则：

1. 颜色不易过白，带一点微黄；
2. 形状完整，坚实饱满；
3. 如小孩指头大小般最为新鲜。

▶▶ 盛产季节 9 ～ 10 月

1 2 3 4 5 6 7 8 9 10 11 12

▶▶ 盛产地区

干贝大多产于日本、美洲及欧洲国家。

▶▶ 建议料理方式

煲 煎 烤 炸 烧 拌 炒 生 蒸

▶▶ 大厨料理

香煎干贝柠香奶油

料理常识
Q 如何使干贝更鲜嫩？
A 有时候在吃干贝料理时，会吃到干贝坚硬的老肉，口感不佳。解决的方法是：在烹调前清洗的时候，将外层的老皮剥除，留下内部鲜嫩的部位，料理就会更加美味可口。
未剥外皮前的干贝，有一层厚皮。
用手将外皮剥除。
剥好的干贝只留下鲜嫩的部位。

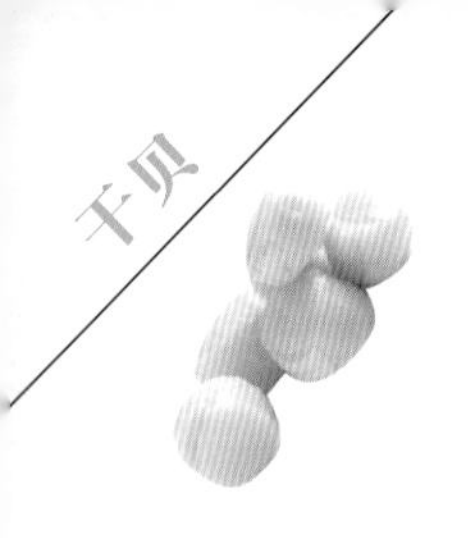

香煎干贝柠香奶油

生干贝	180 克
荷兰芹	5 克
柠檬汁	15 毫升
奶油	10 克

食用油	10 毫升
盐	适量
黑胡椒粗碎	适量

1. 将生干贝洗净擦干后用盐和黑胡椒粗碎调味。
2. 将荷兰芹切碎备用。
3. 煎锅加热，加入食用油转中火，放入干贝煎至两面上色后，放入奶油及柠檬汁，煎至收汁。
4. 放上切好的荷兰芹碎即可。

文蛤

提鲜首选　夏季圣品

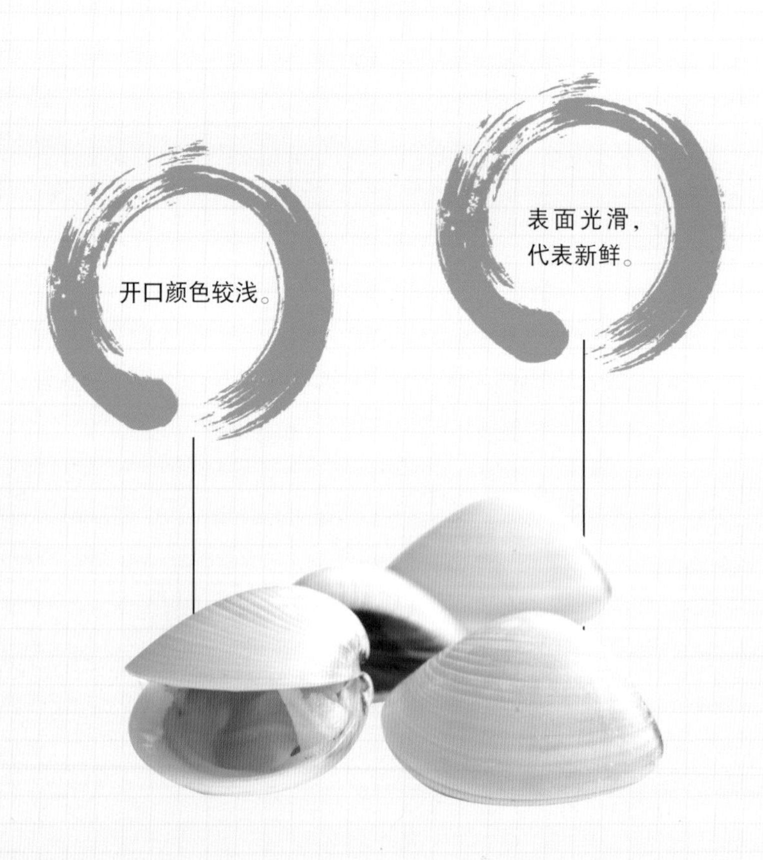

文蛤又称为蛤蜊，市售的文蛤通常都是活体，新鲜的文蛤表面明亮且光滑，而且开口部颜色较浅，表明生长迅速而且肥美。

文蛤的胆固醇含量不高，热量很低且含有不饱和脂肪酸，胆固醇高的人可以适量食用。文蛤夏季食用时，可清凉退火，改善失眠、甲状腺肿大等问题，也具有养颜美容的功效。

文蛤吐沙办法：

如果购买回来的文蛤没有吐沙，可以在自来水中放入食盐，水面淹过文蛤即可，浸泡 1~2 小时，吐沙就完成了，时间也不宜过久，否则美味会大打折扣。

▶▶ 盛产季节 1 ～ 12 月

▶▶ 盛产地区

原产地为日本，朝鲜半岛、我国沿岸皆有分布。

▶▶ 建议料理方式

煲 煎 烤 炸 烧 拌 炒 生 蒸

▶▶ 大厨料理

文蛤清汤

料理常识

Q 如何辨识黑心文蛤？

A 有些不法的海鲜商家，为了使文蛤卖相更好，会使用稀盐酸浸洗文蛤，使其看起来更洁白。挑选时一定要睁大眼睛。在购买文蛤时也可以两个对敲，如果听见清脆、坚实的声响，代表文蛤新鲜；如果出现生硬的咚咚声，可能是已经死亡的文蛤，就不要购买了，否则烹煮时会坏了整个料理的味道。

文蛤清汤

材料 Ingredients

文蛤	200 克	水	1 升
大蒜	50 克	盐	适量
香葱	5 克	黑胡椒粗碎	适量

1. 使文蛤吐沙后捞出。
2. 香葱切碎；大蒜切半备用。
3. 锅内放入水，放入切好的大蒜，用慢火煮开。
4. 放入文蛤继续煮，等壳开后加盐和黑胡椒粗碎调味。
5. 放入香葱碎即可。

牡蛎

大海滋味　大众美食

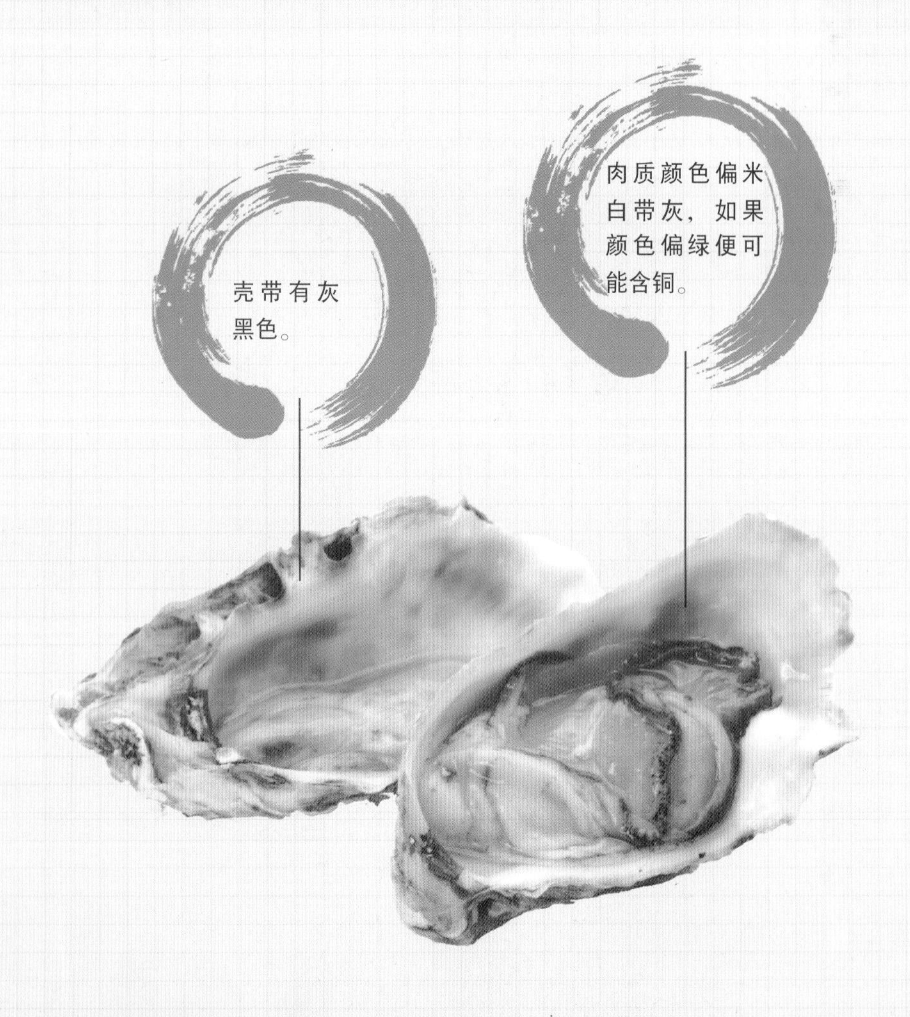

壳带有灰黑色。
肉质颜色偏米白带灰，如果颜色偏绿便可能含铜。

牡蛎又称蚵仔、生蚝，通常栖息在淡水与海水的交界处，中秋节前后盛产。牡蛎含有丰富的蛋白质，能够改善肾虚、胃酸过多、甲状腺肿瘤、淋巴结肿大或妇女白带等问题。去除水分后的牡蛎富含矿物质锌，可壮阳助性。不过因为牡蛎性寒，体质燥热的人比较适合食用。

虽然有些食客爱吃生牡蛎，但是从饮食卫生观点来看，不建议大家生食，以免将未处理干净的寄生虫吞下肚。而且如果未做良好的保存，还会吃下其他病菌，所以建议少生食。

牡蛎的壳可以作为中药材使用，治疗盗汗、四肢冰冷等症状，搭配黄耆、百合或生地就会有良好的药用效果。

盛产季节 8～11 月

1 2 3 4 5 6 7 **8 9 10 11** 12

盛产地区

分布于北太平洋及印度尼西亚东部，我国沿海地区也盛产。

建议料理方式

煲 煎 烤 炸 烧 拌 炒 生 蒸

大厨料理

烫牡蛎衬干葱酒醋酱

料理常识

Q 蚵仔煎的由来？

A 我国台湾地区民众喜爱的小吃蚵仔煎，其实是早期生活困苦的人们所发明的创意料理。相传在明朝时海禁，居民普遍缺乏食物，在无法饱食的情况下想出的特殊制作方法，新鲜的蚵仔、简单的蔬菜、土豆粉勾芡的面糊加一颗鸡蛋，就足够居民饱食一餐了。

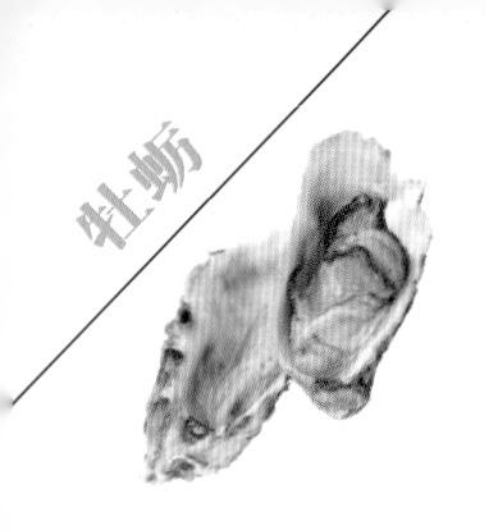

烫牡蛎衬干葱酒醋酱

材料 Ingredients

牡蛎	120 克
水	500 毫升
干葱	15 克
小葱	10 克
红酒醋	80 毫升
盐	适量
糖	适量

烹饪程序 Procedure

1. 将牡蛎洗净后擦干。
2. 将干葱切碎，和红酒醋、盐、糖混合在一起，浸泡约 20 分钟，制成干葱酒醋酱。
3. 小葱切碎后备用。
4. 锅内放入水，煮开后放入牡蛎烫熟，捞起后泡冰水，再滤干水分。
5. 烫熟的牡蛎盛盘，淋上干葱酒醋酱。
6. 最后撒上切好的小葱碎就完成了。

图书在版编目（CIP）数据

跟着节气吃海鲜 / 林勃攸著. -- 长春 : 吉林科学技术出版社, 2018.3
ISBN 978-7-5578-0937-9

Ⅰ. ①跟… Ⅱ. ①林… Ⅲ. ①海产品-菜谱 Ⅳ. ①TS972.126

中国版本图书馆 CIP 数据核字 (2016) 第 138577 号

吉林省版权局著作合同登记号：
图字 07-2015-4549
本书通过四川一览文化传播广告有限代理，经帕斯顿数位多媒体有限公司授权出版中文简体字版。

跟着节气吃海鲜

GENZHE JIEQI CHI HAIXIAN

著　林勃攸
出版人　李　梁
策划责任编辑　孟　波　潘竞翔
执行责任编辑　王聪会
封面设计　长春创意广告图文制作有限责任公司
制　　版　长春创意广告图文制作有限责任公司
开　　本　710 mm×1000 mm　1/16
字　　数　250千字
印　　张　15
印　　数　1-6 000册
版　　次　2018年3月第1版
印　　次　2018年3月第1次印刷
出　　版　吉林科学技术出版社
发　　行　吉林科学技术出版社
地　　址　长春市人民大街4646号
邮　　编　130021
发行部电话/传真　0431-85677817　85635177　85651759
85651628　85600611　85670016
储运部电话　0431-86059116
编辑部电话　0431-85659498
网　　址　www.jlstp.net
印　　刷　长春新华印刷集团有限公司
书　　号　ISBN 978-7-5578-0937-9
定　　价　49.90元
如有印装质量问题可寄出版社调换

fish
fish

fish
fish